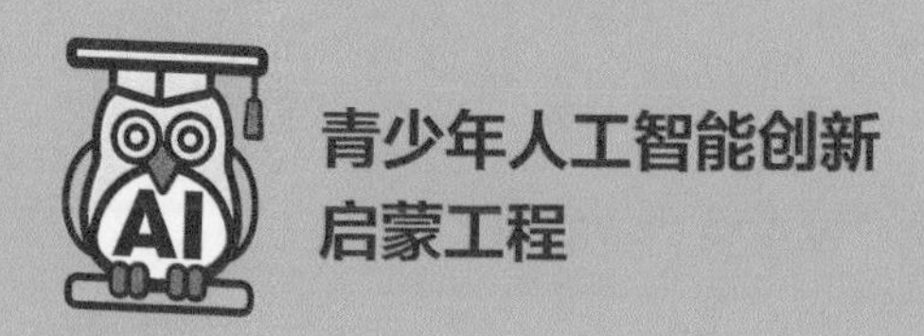

开源鸿蒙探秘

创新实践 第II册

方海光 郑志宏 | 总主编

张国立 张海涛 李福祥 | 主编

邮电出版社

北 京

图书在版编目（CIP）数据

开源鸿蒙探秘 ： 创新实践 / 方海光，郑志宏总主编 ；
张国立，张海涛，李福祥主编. -- 北京 ： 人民邮电出版
社，2024. -- (青少年人工智能创新启蒙工程).
ISBN 978-7-115-65090-0

Ⅰ. TN929.53-49

中国国家版本馆CIP数据核字第2024PM5206号

内 容 提 要

本书是专为小学高年级的学生设计的开源鸿蒙与人工智能相结合的科普图书。本书旨在通过引导学生深入探索开源鸿蒙，学习计算机视觉、语音识别及机器学习等前沿技术，并结合一系列实践活动和跨学科主题学习，培养他们在人工智能领域的创新思维和实践能力，为他们未来在人工智能领域的发展奠定坚实的基础。本书适合小学高年级的学生阅读。

◆ 总 主 编　方海光　郑志宏
主　　编　张国立　张海涛　李福祥
责任编辑　王　芳
责任印制　马振武
◆ 人民邮电出版社出版发行　　北京市丰台区成寿寺路11号
邮编　100164　　电子邮件　315@ptpress.com.cn
网址　https://www.ptpress.com.cn
北京九州迅驰传媒文化有限公司印刷
◆ 开本：787×1092　1/16
印张：6　　　　2024年9月第1版
字数：65千字　　　　2025年4月北京第3次印刷

定价：30.00元

读者服务热线：(010)53913866　印装质量热线：(010)81055316
反盗版热线：(010)81055315

专家委员会

编委会

总序

在当今信息技术迅猛发展的背景下，人工智能（AI）已成为推动社会进步的关键力量。向小学生普及人工智能相关知识，培养适应未来社会的创新人才，是新时代人工智能发展的必然要求。

本套书致力于开展人工智能普及教育，重点培养小学生的逻辑思维、批判精神和问题解决能力，引导小学生掌握人工智能基本知识、认识人工智能在信息社会中愈发重要的作用、运用人工智能技术解决生活与学习中的问题。通过本套书的学习，学生能够获得人工智能的基本知识、技能、应用能力，在运用人工智能技术解决实际问题的过程中，成长为具有良好的信息意识、计算思维、创新能力以及社会责任感的公民。

本套书的学习内容均来自真实的生活场景，以问题引入，以活动贯穿，运用生动活泼、贴近生活的案例进行概念阐述。其中，每单元的开篇设置生动的单元情景、明确的单元主题、递进的学习目标、可供参考的学习工具，学生可以根据单元主题和学习目标合理安排学习进度，设定预期的学习效果。

同时，本套书还注重结合小学生的学习特点，避免了单纯的知识传授与理论灌输。本套书在编写过程中围绕学生在学校、家庭、社会中的所见所闻展开学习活动，采用体验式学习、项目式学习与探究性学习的形式，在阐述概念和理论的基础上，提升学生的学习兴趣，加强学生对人工智能的理解。

本套书共十二册，内容由浅入深，从基础逻辑知识，到数据和算法，最后到物联网和开源鸿蒙，每册都有不同的主题。本套书要求学生亲自动手完成书中的活动，让学生感受人工智能技术给人们生活带来的美好。

本套书得以完成，十分感谢来自北京、沈阳、成都等不同地区的学科专家和一线教师，他们具有丰富的教育教学经验，部分内容经过了多轮教学实践，从而保证了内容的实用性和科学性。特别感谢专家委员会的倾力指导，专家们对本套书的内容选择、展现形式、学习方式等都提出了很多宝贵的建议，极大提高了本套书的内容质量。

囿于作者能力，本套书难免存在不完善之处，敬请广大读者批评指正。

总主编 方海光

前 言

在当今信息技术飞速发展的时代，开源软件已成为推动全球技术创新与合作的重要力量。作为中国自主研发的开源操作系统，开源鸿蒙（OpenHarmony）不仅代表了我国开源技术的进步，也标志着我国在全球开源社区中扮演越来越重要的角色。随着技术的迭代更新和生态的逐渐成熟，OpenHarmony正成为连接万物、构建全场景智慧生态的关键平台。

拔尖创新人才的培养是国家重要任务，旨在为国家经济社会发展提供高素质的人才支持。《国家中长期人才发展规划纲要（2010—2020年）》和党的二十大报告都提出了全面提高人才自主培养质量的要求。此外，教育部高等教育司也指出要全方位布局拔尖创新人才培养。希望学生们能够成为适应未来技术变革、引领产业创新的拔尖人才。

在本书中，我们将一起学习和探讨OpenHarmony社区、人工智能项目以及机器学习的一些理论知识。

首先，我们将了解开源社区，并通过开源社区重点了解OpenHarmony的背景及其在国内外技术生态中的地位，阐明其对促进技术创新和产业升级的重要作用，探讨开源文化与人才培养之间的关系，分析如何通过OpenHarmony平台实施教育创新，提升自身的技术能力、协作精神和创新意识。

然后，我们将学习如何利用OpenHarmony和相关技术学习计算机视觉的知识，并实现车牌识别系统；学习计算机语音识别技术并实现智能家居系统。这些领域是当前科技发展的热点，也是OpenHarmony拓展应用场景、实现智能互联的重要技术支撑。通过这些前沿技术，我们可以了解OpenHarmony和其他人工智能平台。

最后，我们结合书中的案例，一起来学习机器学习的基本原理和过程，共同探索计算机实现智能化的过程，希望同学们能够在将来的学习和生活中利用计算思维高效解决实际问题。

随着技术的不断进步，人工智能已经渗透进社会生活的各个角落，从智能家居到自动驾驶汽车，从医疗健康到金融服务，无处不在的人工智能正在改变我们的生活方式和工作方式。因此，掌握人工智能的核心技术和思维方式，不仅有助于同学们在未来的学习中脱颖而出，更有助于同学们成为引领科技创新潮流的先锋。我希望每一位阅读本书的同学，都能在学习的过程中不断探索和实践，勇于挑战未知，敢于突破自我。相信同学们通过不懈的努力将能够在人工智能的广阔舞台上留下自己的足迹，成为推动科技进步、引领未来科技发展的栋梁之才。

主编 张国立

目 录

第1单元

第2单元

第3单元

第4单元

第1单元 开放的在线社区——OpenHarmony生态

单元情景

在现在这个数字化飞速发展的时代，智能生活已不再是遥不可及的梦想。想象一下，当你走进家门，屋内灯光自动调至人眼感到最舒适的亮度，音响播放着你喜欢的音乐，空调根据室内温度自动调节至适宜模式。这一切的智能化控制，都离不开科技的发展。在科技的发展进程中，开源是推动科技创新和经济发展的重要力量；开源平台为智能设备的互联互通提供了强大的技术支撑，让智能生活触手可及。

单元主题

本单元我们将聚焦开源鸿蒙（OpenHarmony）社区这一基于共享和协作精神的技术交流平台，深入探讨开源的精神、生态构建及未来发展趋势。我们将了解OpenHarmony的起源、项目的优势和特点，了解它在推动智能设备互联互通方面起的作用。同时，在OpenHarmony生态的开发者社区里了解开发者们是如何通过协作推动这一生态繁荣发展的。

可以参考以下流程开展本单元的学习，如图1.1所示。

我的智能学习目标

1. 通过了解OpenHarmony生态认识开源，了解开源的初衷和现实意义。

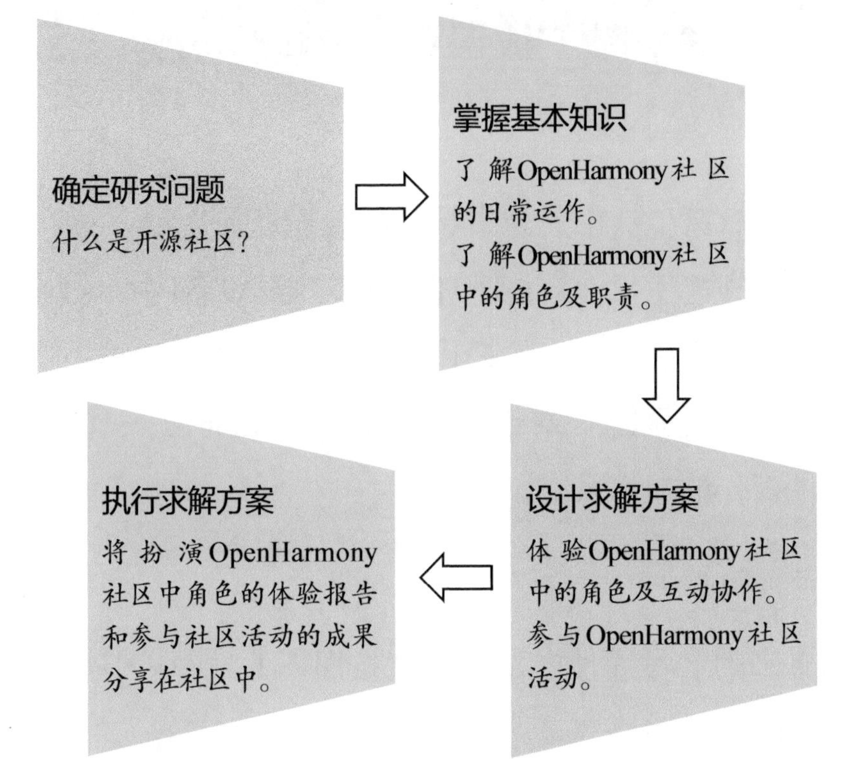

图1.1　单元学习流程

2. 通过探索OpenHarmony社区，进一步了解开源的目的和开源对软硬件发展的贡献。

3. 通过关注OpenHarmony社区的一些开源项目，参与开源项目，了解OpenHarmony生态中的开发者社区运作机制，提升自己在开源项目中的协作与创新能力。

4. 通过实践探索OpenHarmony社区，建立开源意识，从而推动开源的发展。

我的智能学习工具

硬件准备：可以连接互联网的计算机。

软件准备：搜索引擎。

第1课　认识OpenHarmony

我的智能生活

在我们的日常生活中，越来越多的智能设备为我们的生活带来了便捷。你用过智能手机、智能手环、智能家居设备吗？这些智能设备的背后，都离不开一个强大的操作系统来支持它们工作。而今天，我们就要认识一个强大的开源平台——OpenHarmony，一个能够助力智能设备协同工作的操作系统。

我的智能活动计划

在接下来的学习活动中，我们将按照图1.2所示的流程开启认识OpenHarmony之旅。

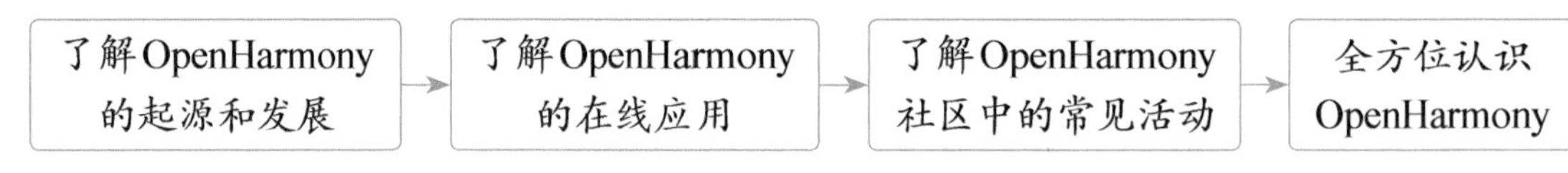

图1.2　认识OpenHarmony

我的智能学习

OpenHarmony起源于人们对智能设备互联互通的需求，它的发展历程就是一部不断创新、不断进步的历史。通过了解OpenHarmony的起源和发展，我们可以更好地认识到它在推动智能生活发展中的重要地位。

Harmony操作系统（HarmonyOS）于2016年5月正式开始投入研发，经过几年的努力，2019年8月9日，HarmonyOS 1.0诞生并率先部署在智慧屏上。随后，2020年9月10日HarmonyOS 2.0在分布式软总线、分布式数据管理及分布式安全等方面进行了重大提升。同年6月，开放原子开源基金会正式成立，从而OpenHarmony开源项目正式启动。

用浏览器登录OpenHarmony在线网站，首页如图1.3所示。

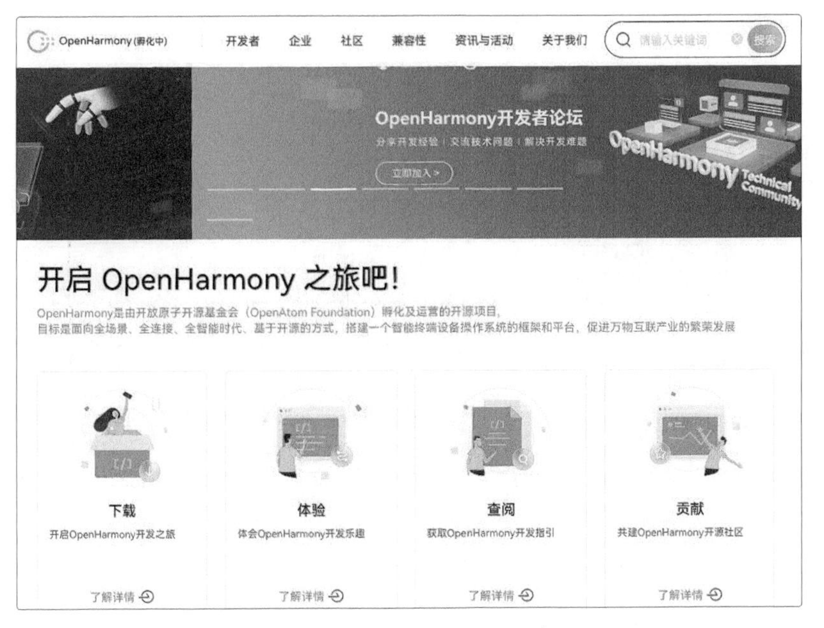

图1.3　OpenHarmony首页

在OpenHarmony的首页上有“下载”“体验”“查阅”“贡献”4个入口，单击“下载”即可获取源码，可以根据自己的需要选择不同的路径，网站内可查看详细的操作步骤说明。

在“体验”中展示了开发者提供的样例，我们通过样例能够了解在OpenHarmony社区中可以设计哪些作品或实现哪些功能。例如，开发者可以创建一款基于OpenHarmony的虚拟现实（VR）教育应用，让我们可以在沉浸式环境中学习天文知识。该应用可以连接VR头戴式显示设备和手柄，以三维模型展示太阳系的行星运动，我们可以通过手势与模型互动，观察不同角度下的行星位置和运动轨迹。相关研究显示，使用VR技术的学习方式可以提高学生的记忆效率，并且显著提升他们的学习兴趣。

我的智能探索

进入OpenHarmony社区，我们可以浏览社区中的技术文章，参与话题讨论，观看视频教程等。同时，还可以看到在社区中举办的各种活动，如编程比赛、技术分享会等。

OpenHarmony的设计理念是“一次开发，多端部署”，这意味着开发者可以为不同类型的设备构建应用程序而无须重复编写大量代码。例如，利用OpenHarmony的轻量级内核和模块化设计，快速构建适用于智能手机、平板计算机、智能家居设备甚至智能穿戴设备的应用。这种跨设备的兼容性极大地简化了开发过程。请你在社区里找一找相关案例。

我的智能成果

在探索完OpenHarmony社区后，整理一下自己的所见所闻，填入表1.1中。

表1.1　OpenHarmony社区探索报告

序号	OpenHarmony社区基本介绍	参与的活动	学到的知识	自己的感受和思考
1				
2				
3				
4				
5				

我的智能视野

在这节课中，我们已经初步了解了OpenHarmony，请思考：它是如何推动智能设备的互联互通和智能化发展的？

第2课　探索OpenHarmony

我的智能生活

在智能化的浪潮中，OpenHarmony社区作为推动智能技术发展的重要力量，汇聚了众多开发者、贡献者和用户。他们基于各自的角色与职责，共同为OpenHarmony的发展贡献力量，使我们的生活更加智能，也更加便捷。

我的智能活动计划

为了更深入地了解OpenHarmony社区，我们可以模拟社区中的不同角色，体验社区成员间的协作与互动，进一步认识社区中的角色和互动过程。我们可以参考图1.4所示的流程来开展本节课的学习。

图1.4　体验OpenHarmony社区

我的智能学习

OpenHarmony社区汇聚了大量的开发者、贡献者和用户，截至2023年12月，社区累计拥有超过6700名贡献者。这些贡献不仅体现在代码层面，还包括技术文档、学习资源、技术方案讨论与设计等各个方面的贡献。

开发者作为社区的技术核心人员，负责编写和维护代码，为OpenHarmony提供强大的技术支持。在智能学习环节，我们将深入了解“社区成长路径”中的不同角色及其职责，如图1.5所示。

角色	描述
用户 (Users)	使用OpenHarmony项目的广大用户，以Issue形式向OpenHarmony 社区反馈问题和功能建议。
贡献者 (Contributors)	有一定代码编程经验的开发者。Contributors以参与OpenHarmony 社区代码贡献、文档贡献、技术方案讨论及设计、解答用户问题、发表技术文章及视频课程、组织策划开源OpenHarmony 社区活动等形式参与OpenHarmony 社区。
提交者 (Committers)	Committer拥有SIG子领域的代码仓写权限。Committer负责SIG领域软件模块设计与评审，负责代码审核及维护，处理OpenHarmony社区的issue、邮件列表问题，辅导Contributors快速理解SIG领域架构设计并提升代码开发技能。
SIG 负责人（SIG Leader)	SIG Leader负责特定SIG的运营及维护。SIG Leader负责定义特定SIG的工作范围及业务目标，并负责对应SIG的运营及维护；吸纳并发展Committer参与对应SIG的项目孵化、文档完善及社区推广；定期在PMC项目管理委员会汇报SIG孵化项目及SIG运营进展，并基于PMC的指导建议完成相关改进。
PMC 成员 (PMC)	项目管理委员会（PMC）成员，拥有代码库写权限、OpenHarmony 新版本发布、Roadmap发布、新PMC/Committer等社区事务的投票权、新的 PMC 成员和 Committer 提名权。PMC负责OpenHarmony社区的管理工作，包括OpenHarmony社区版本规划、竞争力规划、特性开发代码维护、资料开发、补丁规划等；组织PMC委员的选举和退出，负责Committer的任命和退出；负责OpenHarmony社区SIG的申请准入、SIG孵化项目指导、SIG毕业项目准入等SIG生命周期管理等。

图1.5 “社区成长路径中的角色定义

- 用户：他们是社区的重要组成部分，通过反馈意见和使用体验，推动OpenHarmony不断优化和进步。

- 贡献者：他们积极提交改进建议和修复漏洞，为社区的完善和发展贡献自己的力量。

- 提交者：负责特定领域的代码审核、维护和问题处理，指导贡献者。

- SIG负责人：领导和管理特定SIG，定义工作范围，推动项目孵化和社区推广。

- PMC成员：负责社区整体管理，包括版本规划、技术决策和成员管理。

我的智能探索

在智能探索阶段，我们将分组进行角色扮演，模拟OpenHarmony社区中的互动场景，我们以开发者的身份进行学习。平台提供了很多不同类型、不同能力的开发样例，如图1.6所示，选择自己感兴趣的开发样例进行学习，如智能门禁人脸识别（eTs）、OpenHarmony拼图小游戏等，OpenHarmony拼图小游戏介绍如图1.7所示。

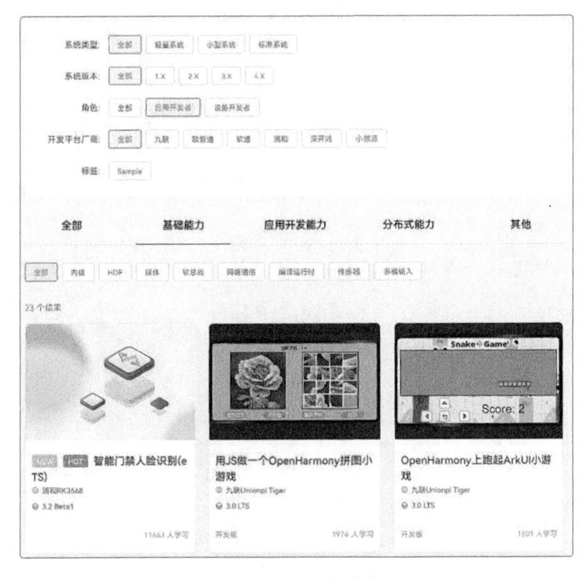

图 1.6　开发样例

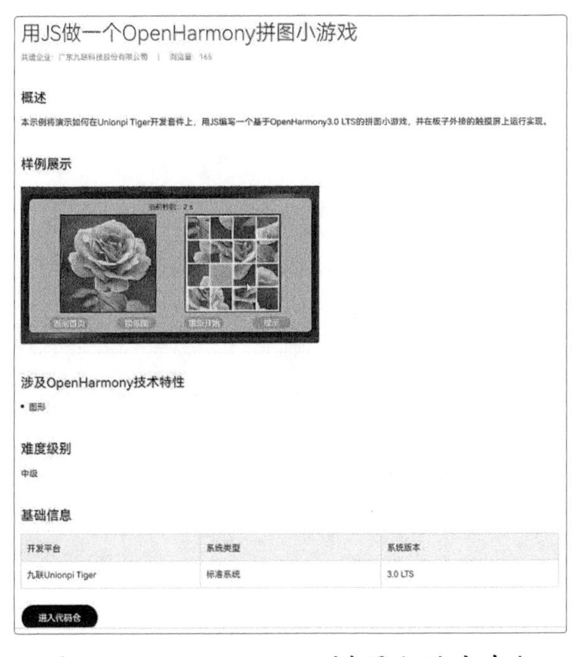

图 1.7　OpenHarmony拼图小游戏介绍

通过模拟开发者的协作编程、贡献者的建议提交及用户的意见反馈交流，我们可以体验OpenHarmony社区成员间的协作与配合，感受OpenHarmony社区文化的魅力。

我的智能成果

通过本课的学习与探索，我们的智能视野将得到进一步的拓展，体验活动结束后，我们整理一下自己的体验感受，编写一份角色扮演体验报告，如表1.2所示。报告中需详细描述你在OpenHarmony社区中扮演的角色、参与的活动、互动过程、所学知识、感悟与思考。

表1.2　角色体验报告

项目	内容描述
扮演的角色	
参与的活动	
互动过程	
所学知识	
感悟与思考	

我的智能视野

这节课我们认识了OpenHarmony社区成员间的协作与配合对于项目成功的关键性。同时，我们也看到了OpenHarmony社区的无限发展潜力与广阔发展前景，期待未来能够有更多优秀的开发者、贡献者和用户加入，共同推动智能科技的发展。

第3课　体验OpenHarmony

我的智能生活

在我们的智能生活中，OpenHarmony社区是一个充满活力的平台，它汇聚了众多热爱科技、追求创新的开发者、贡献者和用户。通过参与OpenHarmony社区活动，我们可以了解智能科技的最新动态，分享自己的经验和感受，共同推动智能科技的进步。

我的智能活动计划

为了更好地了解OpenHarmony社区的日常运作，我们将访问OpenHarmony的官方论坛或社区网站。在这里我们可以看到OpenHarmony社区的最新动态、热门话题及成员间的互动交流，如图1.8所示。

图1.8　OpenHarmony社区的最新活动

我们可以参考图1.9所示的流程来开展本节课的学习。

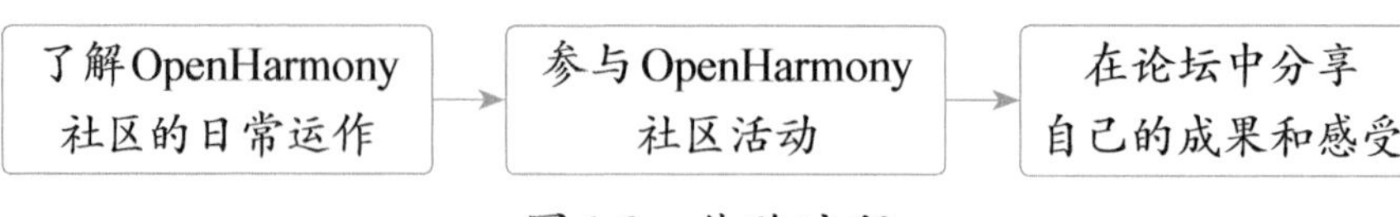

图1.9 体验流程

我的智能学习

在访问OpenHarmony社区网站的过程中，我们将从以下几个方面更加细致地了解OpenHarmony社区的日常运作。

1. OpenHarmony社区结构与管理：了解OpenHarmony社区的组织架构、管理团队。

2. 话题与讨论：浏览OpenHarmony社区中的热门话题和讨论，观察成员们如何围绕这些话题展开交流和讨论，了解社区成员间的互动方式和氛围，如图1.10所示。

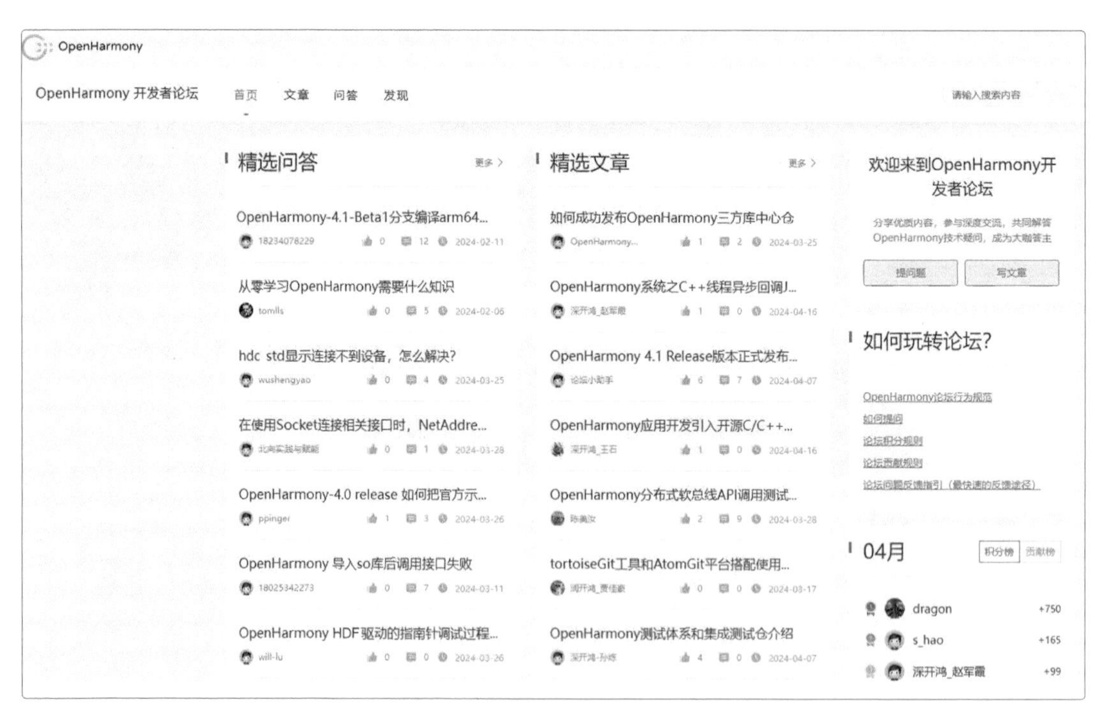

图1.10 OpenHarmony开发者论坛

3. 活动与项目：查看社区中正在进行的活动和项目，了解这些活动和项目的目的、进展及成员们的参与情况。

我的智能探索

为了更深入地体验OpenHarmony社区，我们将开展以下互动小任务。

1. 参与论坛讨论：选择一个感兴趣的话题，在社区论坛中发表自己的观点和看法，与其他成员进行互动交流。

2. 向社区提问：针对自己在OpenHarmony学习或使用过程中遇到的问题，向OpenHarmony社区提问以寻求帮助。

3. 回答他人问题：在OpenHarmony社区中浏览其他成员的问题，并尝试回答他们的疑问，分享自己的知识和经验，如图1.11所示。

完成这些任务之后，我们会更深入地参与OpenHarmony社区，体验社区成员间的互动与合作。

图1.11　OpenHarmony社区中的问答示例

我的智能成果

在完成互动小任务后，我们可以在论坛中分享自己的参与成果和自身体验感受，比如分享在论坛中的发帖、收到的回复、学到的新知识及与其他成员的交流经历等。和朋友们分享不仅可以展示自己的学习成果，还可以增强对社区生态的认同感，激发更多的参与热情。

我的智能视野

通过本节课的体验活动，我们对OpenHarmony社区有了更深入的了解和认识，认识到社区在推动智能科技发展中的重要作用。随着更多优秀成员的加入和更多创新项目的推出，OpenHarmony社区将成为推动智能科技发展的重要力量。

第4课　展望开源生态

我的智能生活

在我们的智能生活中，开源生态已经成为一个不可或缺的部分。无论是手机操作系统、智能家居设备，还是其他应用软件，开源技术都发挥着重要的作用。

我的智能活动计划

为了深入了解开源生态，我们将寻找OpenHarmony在不同领域中的应用案例。通过网络搜索、查阅相关文献或参与开源社区的讨论，还可以寻找其他开源在线社区的应用案例，进一步了解OpenHarmony在不同领域中的应用情况。我们可以参考图1.12所示的流程来开展本节课的学习。

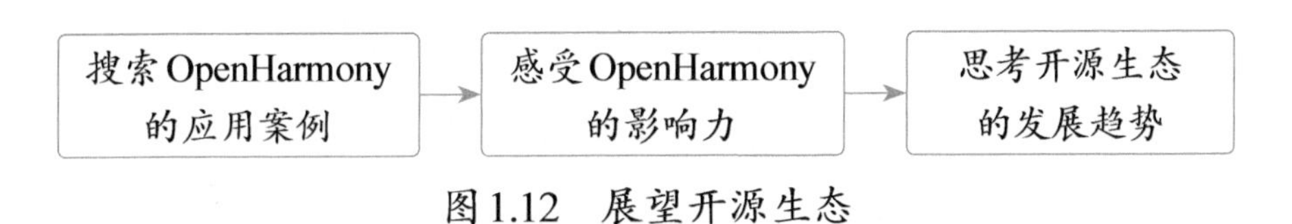

图1.12　展望开源生态

我的智能学习

将OpenHarmony应用于实际项目中，可以产生有形的智能成果。例如，一个由学生团队开发的基于OpenHarmony的智能导盲系统，该系统通过智能眼镜和环境感知模块帮助视障人士行路安全导航，能够识别前方的障碍物并通过音频反馈指导视障人士避开，有效辅助视障人士自主出行。在这个项目中，我们不仅可以学习如何利用OpenHarmony进行跨平台开发，还可以解决实际问题，体现了技术创新对社会的积极影响。

在一次国际智能设备竞赛中，一支开发团队利用OpenHarmony打造了一款多功能智能家居控制面板，该面板不仅能够控制家中的各种智能设备，还能基于机器学习分析用户的使用习惯，自动调整家庭环境以提高能效并提升舒适度。这款产品因其创新性和实用性获得了评委的高度评价，并在社交媒体上引起了广泛关注，展现了OpenHarmony在智能设备领域中的巨大应用潜力。通过这些成果，开发者们不仅证明了自己的技术能力，也为OpenHarmony社区贡献了宝贵的经验和灵感。

我的智能探索

通过深入研究OpenHarmony社区或其他开源在线社区的应用案例，我们可以感受到开源社区产生的广泛影响力。请你试着通过不同方式了解开源社区在以下维度的案例和影响力。

一、从纵向维度分析

- 历史发展：近年来，开源在线社区经历了哪些快速的发展？
- 技术趋势：随着云计算、大数据、人工智能等技术的快速发展，越来越多的开源项目涉及这些前沿技术，为开发者提供了更多的选择和可能性。

二、从横向维度分析

- 社区规模：开源在线社区的规模不断扩大，吸引了越来越多的开发者参与。
- 社区活跃度：开源在线社区的活跃度是衡量其发展水平的重要指标。
- 社区文化：开源在线社区的文化也是其发展的重要组成部分。

我的智能成果

在掌握了开源生态的基本知识后，我们将展望开源生态的未来。请思考以下3个问题。

1. 开源生态将如何继续推动技术创新？

2. 开源社区将如何适应和引领产业发展新趋势？

3. 作为未来科技人才，我们应以怎样的态度参与开源生态的建设？

通过讨论和梳理形成自己对开源生态未来发展的看法。

我的智能视野

通过本节课的学习，我们的智能视野得到了进一步的拓宽，对开源生态有了更深入的认识，也意识到参与开源生态建设的意义和价值。

我们要关注开源生态的发展动态，参与开源社区的活动和讨论。同时，也要思考如何在自己的学习中应用开源技术，通过不断学习和实践，能够更好地适应未来智能科技社会的发展需求。

单元总结

我做了什么

通过本单元的学习，我们认识并了解了基于共享和协作精神的技术交流平台——OpenHarmony，了解了OpenHarmony社区的日常应用，认识了OpenHarmony社区中的不同角色及职责，参与了社区中的活动，进行了深入的探索，学习了自己感兴趣的开发样例，扮演了不同的社区角色，在论坛中分享了自己的成果和感受。

我学会了什么

梳理本单元的活动内容，我们经历了图1.13所示的学习环节，在今后解决问题时，我们也可以参考这样的方法和流程，让解决问题的过程更加科学和高效。

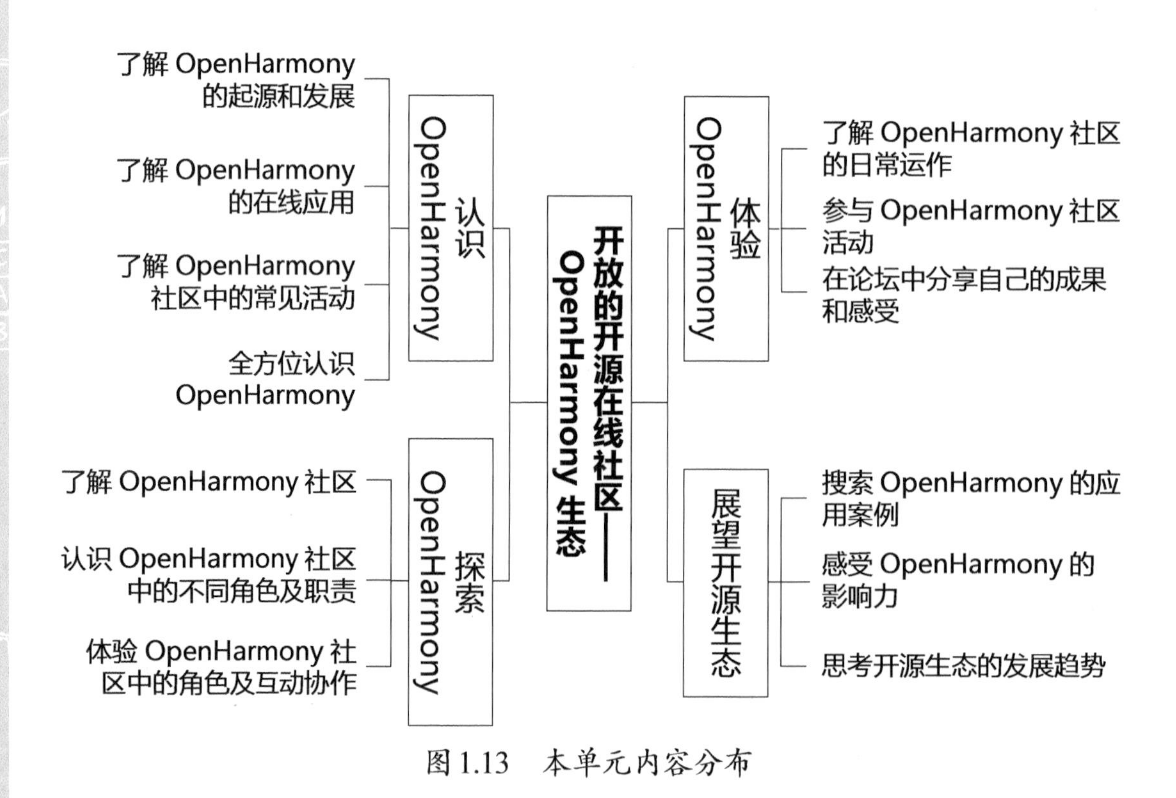

图 1.13 本单元内容分布

我的收获

本单元的学习即将结束，在了解和深入探索OpenHarmony的过程中，我对OpenHarmony有了全方位的认识，掌握了研究问题并一步步求解问题的方法。

当然，除了OpenHarmony，还有很多其他不同的开源在线社区，例如：____

____

____

____

第2单元
车牌识别系统——计算机视觉

单元情景

在停车场中，车牌识别系统会自动捕捉并记录车牌号。这一系统基于计算机视觉技术，大大提高了车辆管理效率。该系统依赖于能让计算机“看懂”图像和视频的计算机视觉技术。在本单元的学习过程中，我们可以参考和利用OpenHarmony平台上的资源，比如使用OpenHarmony平台上的图像处理工具来捕捉、处理和分析图像数据，深入了解计算机视觉技术的奥秘。

单元主题

计算机视觉，被喻为计算机的“眼睛”，让计算机具有“感知”世界的能力。人类的眼睛是人类感知外界的主要窗口，计算机视觉能让计算机“看见”并解读世界。请你和同学们讨论一下，并思考：

1. 计算机如何显示图像？
2. 计算机如何“看见”图像？
3. 计算机如何处理图像？
4. 如何实现车牌识别的功能？

要研究上述的问题，可以参考图2.1所示的流程开展本单元的学习。

我的智能学习目标

1. 理解车牌识别在交通、安防等领域中的价值（信息意识）。

2. 理解车牌识别系统原理，用算法解决图像识别问题（计算思维）。

3. 利用数字资源和工具进行编写车牌识别系统的实践，掌握数字化学习的方法（数字化学习与创新）。

4. 了解使用车牌识别系统时的法律法规和道德规范，尊重他人隐私和保障信息安全（社会责任）。

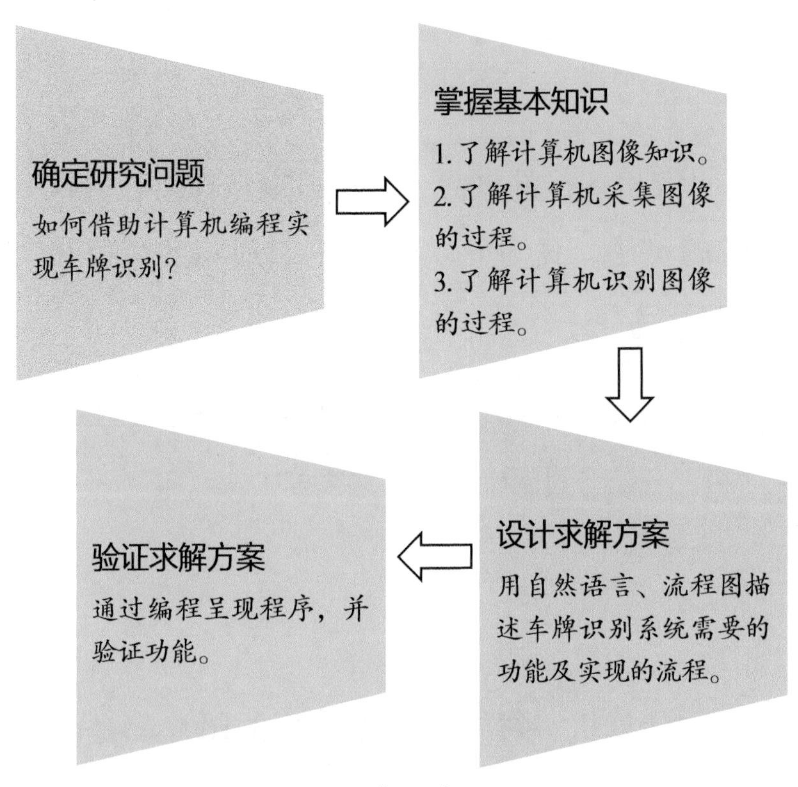

图 2.1　单元学习流程

我的智能学习工具

硬件准备：可以连接互联网的计算机。

软件准备：编程软件、流程图在线绘制工具（可选）。

第1课　走进计算机图像的世界

我的智能生活

在生活中，车牌识别系统扮演着不可或缺的角色，它利用计算机图像处理技术，让停车变得高效和自动化。其实，计算机图像处理技术在生活中还有很多应用，大大提升了生活的便捷性。

我的智能活动计划

想要走进计算机图像的世界，我们可以从像素、分辨率和色彩探索计算机图像的奥秘。我们可以参考图2.2所示的流程开展本节课的学习。

学习什么是像素 → 学习什么是分辨率 → 色彩的数据表示

图2.2　我的智能活动计划

我的智能学习

一、像素世界探索

我们每天在计算机、智能手机上看到的图片都是由无数个“小点”（小方格）组成的，这些“小点”我们称之为“像素”。请找一张图片，用OpenHarmony平台上的图像查看器放大它，把你的发现写在下方方框中。

二、分辨率的秘密

你们有没有想过，为什么有的图像看起来很清晰，而有的图像看起来很模糊呢？这其实跟图像的分辨率有关，图像的分辨率越高，图像就越清晰。请用OpenHarmony平台上的图像处理工具打开一张图片，调整分辨率，对分辨率调整前后的图片进行比较，你有什么发现？请写在下方方框中。

三、色彩的“魔法”

你知道计算机是如何通过复杂而精密的算法与技术来“感知”并呈现颜色的吗？在计算机科学中，颜色被转化为一系列的数字编码和计算过程。计算机通过不同的颜色模式来“看”颜色，其中最为常见的包括RGB（红、绿、蓝）模式和CMYK（青、洋红、黄、黑）模式。请打开OpenHarmony平台上的图像处理工具，试着调整一张图片的RGB值，观察颜色变化，将你的发现写在下方方框中。

我的智能探索

一、创意像素画

请在图2.3所示的像素画纸上创作一幅简单的像素画，如心形简笔画，可以用不同颜色的像素块来表达。

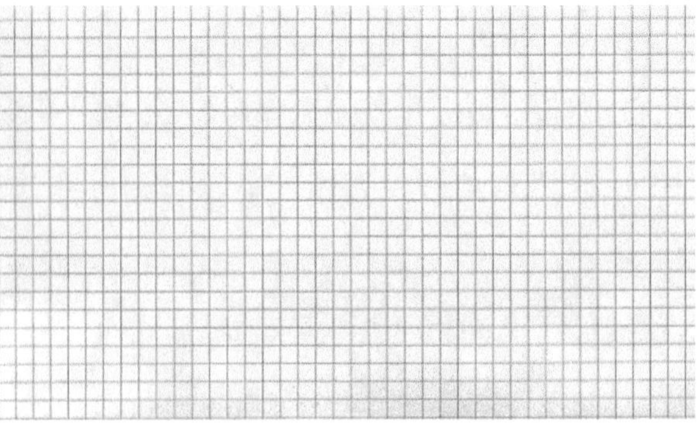

图 2.3　像素画纸

二、色彩调和大师

尝试在不同色彩模式下调整图片，感受不同色彩模式对图片的影响，请将你的感受写在下方方框中。

我的智能成果

通过以上学习，我们了解了计算机图像，请将自己的收获以文字或图片的形式记录在表2.1中。

表 2.1　我的收获

研究问题	我的收获
像素	
分辨率	
图片的色彩模式	

请将本节课的学习活动表现评价记录在表2.2中。

表2.2 我的学习活动表现评价

评价内容	自我评价	组长评价
了解像素	☆☆☆☆☆	☆☆☆☆☆
了解分辨率	☆☆☆☆☆	☆☆☆☆☆
了解色彩模式	☆☆☆☆☆	☆☆☆☆☆

我的智能视野

回顾本节课的学习内容，利用掌握的知识和方法，选择一张图片，尝试通过调整像素、分辨率和色彩来优化图像质量。请填写表2.3，记录自己的研究过程。

表2.3 我的研究记录

图像的具体调整	实现的效果
调整像素	
调整分辨率	
调整色彩	

第2课　感光探秘——从人眼到计算机

我的智能生活

每当开车进出小区时，车牌识别系统都会迅速采集车牌信息，自动开门。在城市的ETC通道上和停车场中，它能快速采集车牌号并自动收费。车牌识别系统的图像采集功能，使出行变得更便捷，提升了人们的生活质量。

我的智能活动计划

我们可以从人眼感光的过程出发，探索计算机是如何“看见”世界的。我们可以参考图2.4所示的流程开展本节课的学习。

了解人眼是如何看到车牌图像的 → 了解车牌识别系统是如何采集车牌图像的 → 探寻人眼和计算机感光过程的区别和联系

图2.4　我的智能活动计划

我的智能学习

一、人眼是如何看到车牌图像的

车牌识别系统能够“看到”车牌，得益于摄像头。那人眼是如何“看到”车牌的呢？我们需要了解人眼感光过程。

人眼由眼球及其辅助结构组成，眼球包含角膜、虹膜、晶状体、视网膜等结构，如图2.5所示，它们共同将进入眼内的光线聚焦在视网膜上形成图像。

视网膜上的感光细胞，包括视杆细胞和视锥细胞，如图2.6所示，负责将光信号转换为神经信号，并传递给大脑，产生视觉感知。

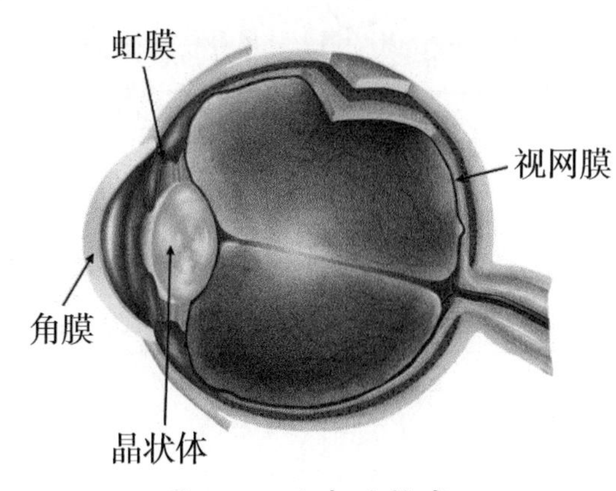

图2.5　眼球的构成

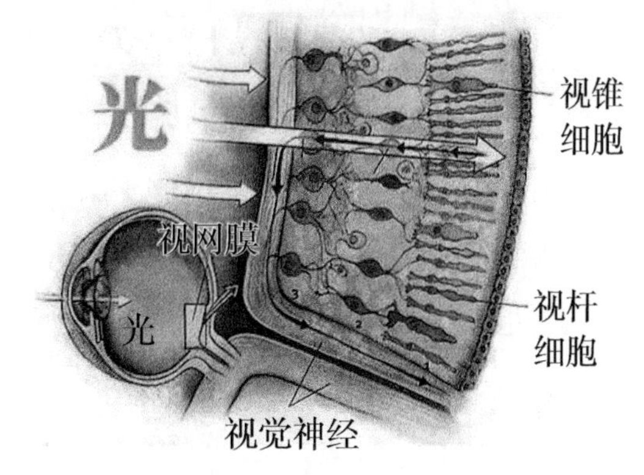

图2.6　视网膜上的两种感光细胞

请你根据人眼的感光过程，说一说人眼是如何看到车牌的？分步描述，写在下方方框中。

二、车牌识别系统是如何采集车牌图像的

车牌识别系统通过摄像头这双“眼睛”采集车牌图像。

摄像头中的感光器件，如CCD（电荷耦合器件）和CMOS（互补金属氧化物半导体器件），由许多光敏元件组成，每个光敏元件对应一个像素，CCD和CMOS如图2.7所示。

图2.7　摄像头感光器件

当光线照射到感光器件时，光敏元件会根据光线强弱产生电荷，进而转换为计算机可处理的图像数据。

了解了计算机的感光过程，你知道车牌识别系统是如何采集车牌图像的吗？分步描述，写在下方方框中。

我的智能探索

请和你的朋友分别扮演人类探险家A和计算机探险家B，比较两者捕捉图像的方式。

一、角色体验

A用眼睛观察，B用相机拍摄，在规定时间内收集图像。

二、图像采集

在校园内进行图像采集，A仔细观察并记录细节，B调整相机参数，捕捉画面。

三、分享与对比

A描述所见，B展示照片，讨论人眼与相机在捕捉画面上的差异。

问题探讨：

1. 人眼能捕捉而相机不能捕捉的细节是什么？
2. 相机能记录而人眼可能忽略的画面有哪些？
3. 造成这些差异的原因是什么？

交流后，请填写表2.4。

表2.4　人眼和计算机采集图像的过程

	人眼看到图像的过程	计算机采集图像的过程
描述		
区别		
联系		

我的智能成果

通过以上学习，我们了解了人眼感光过程和计算机感光过程，请将自己的收获以文字或图片的形式记录在表2.5中。

表2.5　我的收获

研究问题	我的收获
人眼感光过程	
计算机感光过程	

请将本课的学习活动表现评价记录在表2.6中。

表2.6　我的学习活动表现评价

评价内容	自我评价	组长评价
用自然语言描述人眼感光过程	☆☆☆☆☆	☆☆☆☆☆
用自然语言描述计算机感光过程	☆☆☆☆☆	☆☆☆☆☆
了解人眼感光与计算机感光的区别和联系	☆☆☆☆☆	☆☆☆☆☆

我的智能视野

回顾本课的学习内容，利用掌握的知识和方法，找找生活中还有哪些图像采集（拍摄/扫描）设备，并探索它们采集图像的过程。请填写表2.7，记录自己的研究过程。

表2.7　我的研究记录

生活中的图像采集设备	采集图像的过程
手机摄像头	
扫描仪	

第3课　探寻图像识别的奥秘

我的智能生活

目前，车牌识别系统已成为生活中的助手，不仅要采集图像，还要对图像进行预处理和特征提取，以提高识别的准确率，让出行更为便捷、高效。

我的智能活动计划

我们可以从“了解计算机是如何存储和处理图像”出发，参考图2.8所示的流程开展本节课的学习。

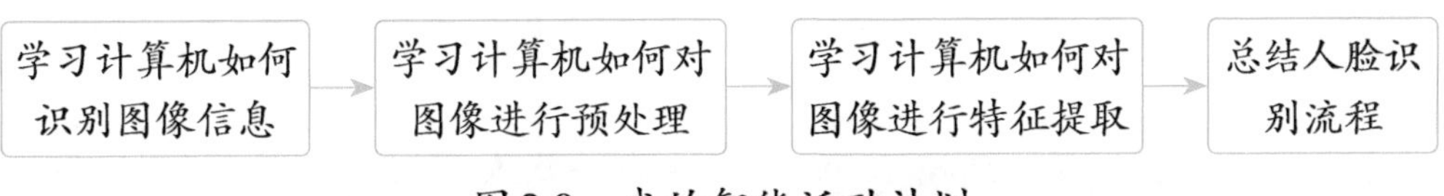

图2.8　我的智能活动计划

我的智能学习

一、计算机如何识别图像信息

其实，计算机并不是“看到”图像就能直接理解图像，而是通过精密的算法，对图像进行解析和处理，从而识别出图像中的内容，计算机识别图像信息的流程如图2.9所示。

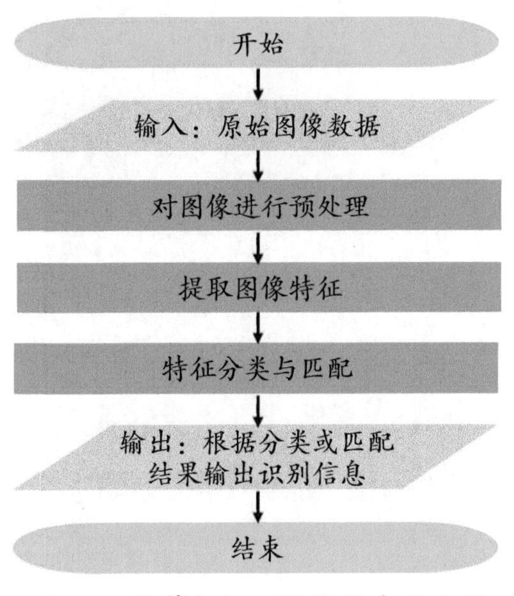

图2.9　计算机识别图像信息的流程

二、计算机如何对图像进行预处理

在计算机对图像进行预处理时，会运用相关算法来消除无关信息，提取出有用的真实信息，并增强信息的可检测性。主要技术具体如下。

1. 图像增强：包括对比度调整、伽马校正、锐化处理等。伽马校正效果如图2.10所示。

2. 色彩转换与标准化：包括颜色空间转换、白平衡校正等。图像白平衡校正效果如图2.11所示。

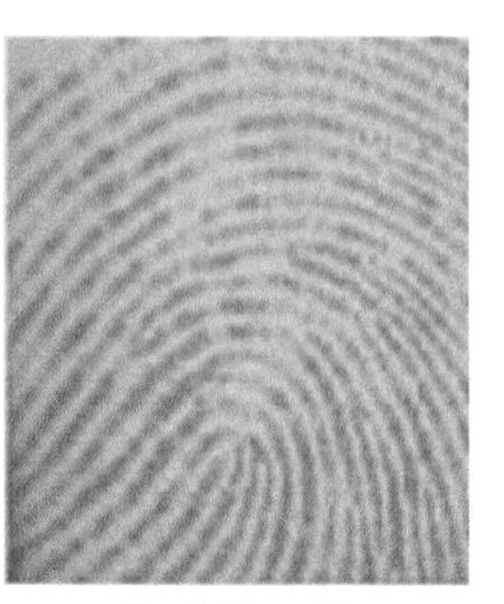

伽马校正前

伽马校正后

图2.10 对图像进行伽马校正

白平衡校正前

白平衡校正后

图2.11 对图像进行白平衡校正

3. 几何变换：包括旋转图像、缩放图像等。

4. 二值化：将图像转换为只有黑白两种颜色的形式，简化图像信息，便于后续的图像处理和分析。图像二值化效果如图2.12所示。

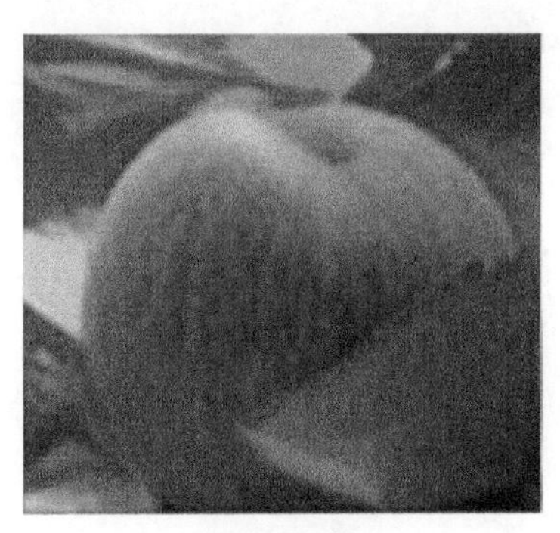
原始图像

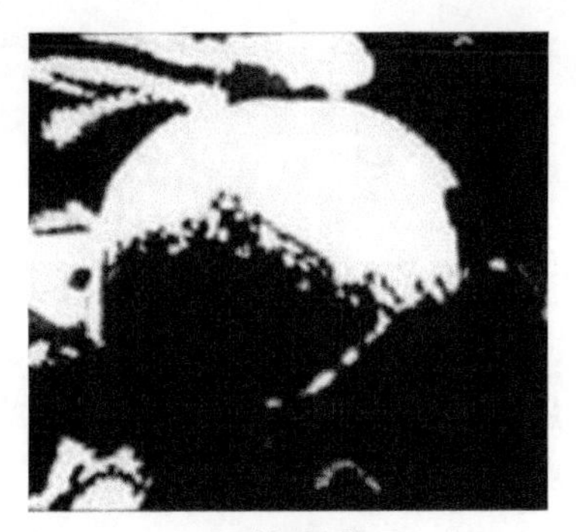
二值图像

图2.12　对图像进行二值化

三、计算机如何对图像进行特征提取

对图像进行预处理后，计算机会对图像进行特征提取，为后续的特征分类、图像识别等任务提供有力支持。

图像特征提取一般有以下两种方法。

1. 直方图

直方图以柱状图的形式展示图像中颜色、亮度等特征的分布。它能迅速反映图像中哪种颜色像素最多、最少，便于理解图像特点。

2. 聚类

聚类是把特征相似的对象分成不同组。在图像中，聚类可识别并分组相似的部分，帮助计算机更好地理解图片内容。

了解了计算机的图像识别过程，你能说一说车牌识别系统是如何识别车牌图像的吗？分步描述，写在下方方框中。

我的智能探索

一、感受人脸识别

请你使用人脸识别系统，如手机人脸识别解锁、人脸识别门禁等，体验并观察人脸识别的整个过程。

二、总结人脸识别流程

基于使用体验，总结人脸识别系统的工作流程，写在下方方框中。

我的智能成果

通过以上学习，我们了解了计算机的图像识别过程，请将自己的收获以文字或图片的形式记录在表2.8中。

表2.8　我的收获

研究问题	我的收获
计算机如何对图像进行预处理	
计算机如何对图像进行特征提取	

请将本课的学习活动表现评价记录在表2.9中。

表2.9　我的学习活动表现评价

评价内容	自我评价	组长评价
用自然语言描述计算机的图像识别过程	☆☆☆☆☆	☆☆☆☆☆
用流程图描述计算机的图像识别过程	☆☆☆☆☆	☆☆☆☆☆

我的智能视野

回顾本课的学习内容，利用掌握的知识和方法，请你找找生活中哪些地方用到了图像识别技术，探讨OpenHarmony平台是如何支持这些技术的集成和优化的。请填写表2.10，记录自己的研究过程。

表2.10　我的研究记录

生活中的图像识别	识别图像的过程
手机扫码支付	
人脸识别门禁	

第4课　设计车牌识别系统程序

我的智能生活

在生活中，驾车驶入停车场时，智能系统是如何迅速识别车牌并自动抬杆放行的？这就是本课的探索主题——设计车牌识别系统程序。

我的智能活动计划

想要完成车牌识别系统程序的设计，我们可以从分析它应该具备的功能出发，参考图2.13所示的流程开展本节课的学习。

分析车牌识别系统需要实现的功能 → 用流程图展示车牌识别系统的识别过程 → 编程实现车牌识别系统的功能 → 探索影响车牌识别系统准确率的因素

图2.13　我的智能活动计划

我的智能学习

一、分析车牌识别系统需要实现的功能

你认为车牌识别系统需要实现哪些功能呢？ 填写在表2.11中。

表2.11　车牌识别系统需要实现的功能

需要实现的功能	具体描述
图像捕捉	当车过来时，要拍下照片

二、用流程图展示车牌识别系统的识别过程

请你在阅读图2.14后，跟着图2.15中的流程图梳理一下车牌识别

系统的识别过程，并将其补充完整。

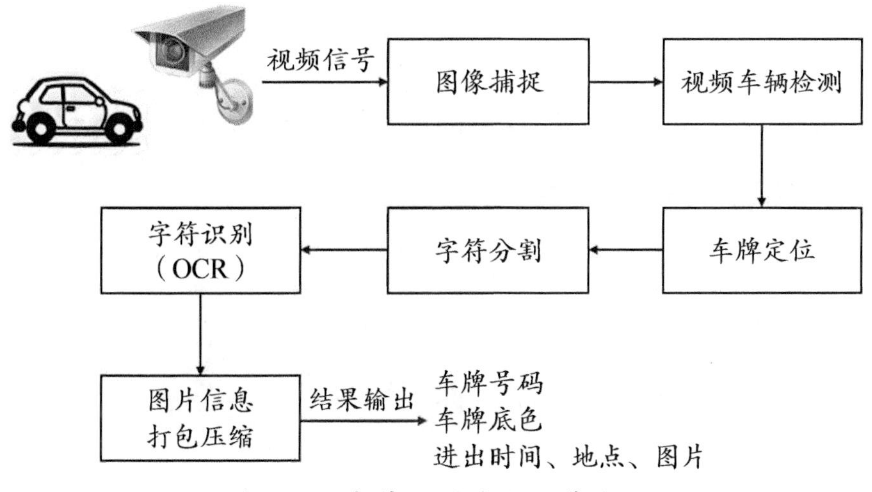

图2.14　车牌识别系统工作流程

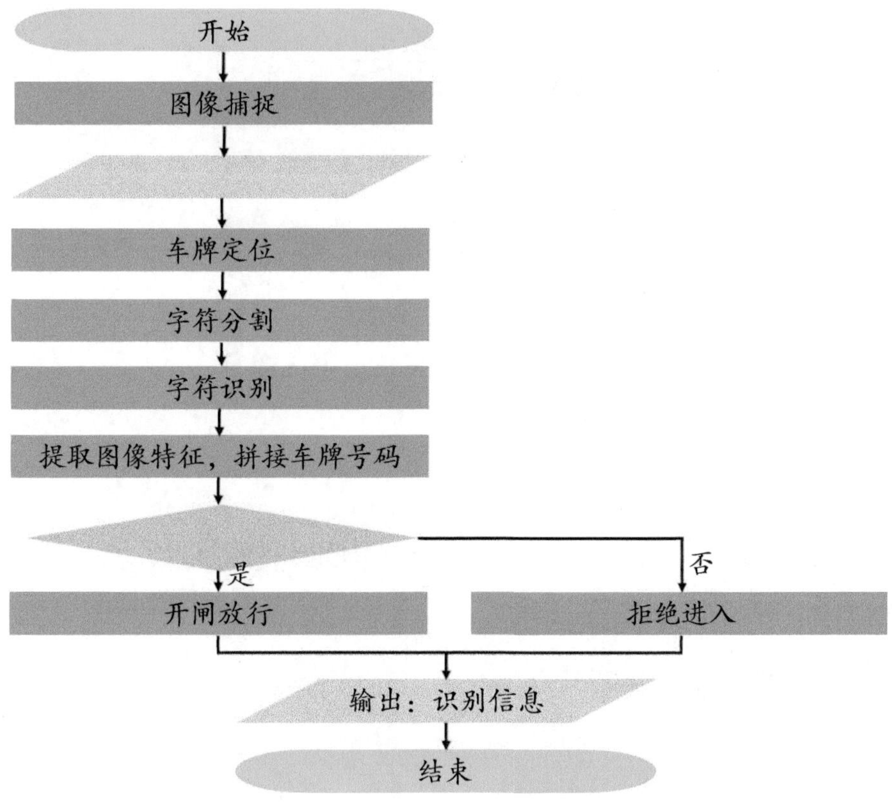

图2.15　车牌识别系统工作流程图

三、编程实现车牌识别系统的功能

根据流程，可以将车牌识别系统的功能划分为以下5点。

1. 图像捕捉：用图像处理库捕捉和处理图像。

2. 车牌定位：用算法定位图像中的车牌。

3. 字符识别：利用OCR技术识别车牌字符。

4. 权限验证：建立数据库存储车辆信息，编写代码验证权限。

5. 信息记录：记录车辆进出时间和车牌。

请你阅读图2.16中的程序，你理解程序吗？你能尝试自己编写程序吗？

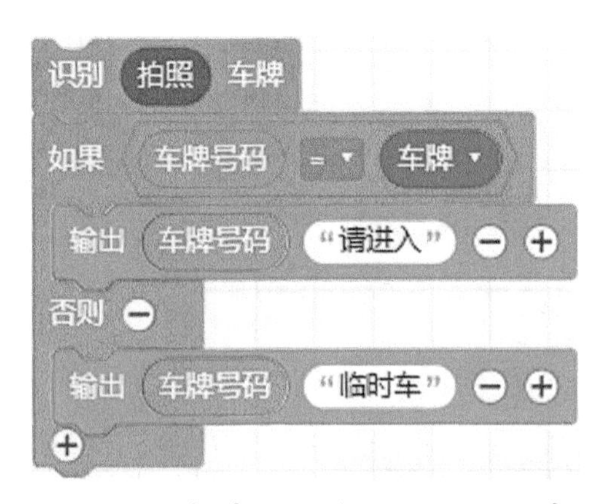

图2.16　车牌识别系统图形化程序

我的智能探索

使用车牌识别系统之后，你发现它识别得准确吗？请你探索“影响车牌识别系统准确率的因素”。

1. 收集多样的车牌照片。

2. 测试系统识别，记录成功与失败案例。

3. 分析失败原因，如车牌脏污、照片模糊等。

4. 寻找影响识别准确率的因素。

基于发现，提出提升系统识别准确性的猜想，选择猜想进行实验，修改程序后再次测试。请将探索过程、线索和实验结果写在下方方框中。

我的智能成果

通过以上学习，我们了解了计算机实现车牌识别系统的功能，请将自己的收获以文字或图片的形式记录在表2.12中。

表2.12　我的收获

研究问题	我的收获
梳理车牌识别系统需要的功能	
利用流程图展示车牌识别过程	
读懂车牌识别系统程序	

请将本节课的学习活动表现评价记录在表2.13中。

表2.13　我的学习活动表现评价

评价内容	自我评价	组长评价
用流程图描述车牌识别系统的识别过程	☆☆☆☆☆	☆☆☆☆☆
用程序实现车牌识别系统	☆☆☆☆☆	☆☆☆☆☆
了解影响车牌识别系统准确率的因素	☆☆☆☆☆	☆☆☆☆☆

我的智能视野

回顾本节课的学习内容，利用掌握的知识和方法，探索影响车牌识别系统准确率的因素，完善车牌识别系统程序，记录研究过程，填在表2.14中。

表2.14　我的研究记录

影响车牌识别系统准确率的因素	完善程序的方式

单元总结

我做了什么

通过本单元的学习，同学们深入研究了计算机视觉，借助编程和OpenHarmony平台实现了车牌识别系统的功能，经历了“确定研究问题→掌握基本知识→设计求解方案→验证求解方案”的过程。

我学会了什么

梳理本单元的活动内容，我们学习的内容如图2.17所示。在今后解决新问题时，我们也可以参考这样的方法和流程，让解决问题的过程更科学和高效。

我的收获

本单元的学习即将结束，同学们在深入研究车牌识别系统的过程中，掌握了计算机采集图像、计算机识别图像的基础知识，在此基础上实现了车牌识别系统的功能，相信同学们在今后的学习和生活中遇到类似的问题时，一定会联系到计算机视觉的相关知识，并尝试借助程序设计去解决。

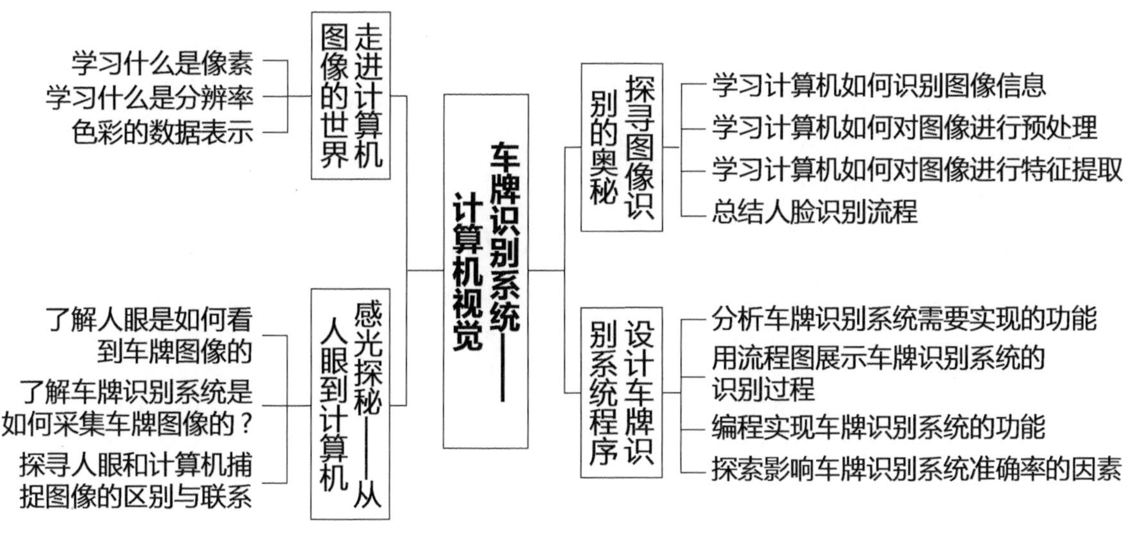

图2.17　本单元内容分布

当然，计算机科学领域常用的人工智能技术还有很多种，如计算机听觉、机器学习等，我还想了解________________________________

____

____

____

第3单元

智能家居系统——语音识别与控制

单元情景

声音是一种奇妙的自然现象，是沟通的主要方式之一，它使人们能够交流思想、情感和文化知识。在现在的智能生活中，声音起着十分重要的作用，OpenHarmony平台凭借强大的跨设备协同能力和丰富的生态支持，打开了声音智能化应用的新篇章。我们可以将语音转换成控制命令来控制身边的设备；我们也可以利用语音合成技术进行资讯播报，使设备化身为专业主播，随时随地为用户播报最新资讯；我们还可以利用语音进行文字输入等，这些都为我们的学习生活带来了极大的便利。

那么计算机是如何识别和处理语音的呢？我们会在本单元中一起探索语音识别的奥秘。

单元主题

语音处理对人工智能至关重要，它使设备能“听”懂人类的表达并与人类交流。语音识别技术简化了设备操作，提升了用户体验，并通过神经网络提高了语音识别的准确性。此外，语音识别技术还能使设备理解语音并执行任务，如智能家居中的家电控制。

请你和同学们讨论一下，并思考：

1. 计算机是如何发出声音的？

2. 计算机是如何“听见”声音信息的？

3. 计算机是如何处理声音信息的?

4. 如何利用语音识别技术实现智能家居控制?

为探讨上述问题，我们可以参考图3.1所示的流程开展本单元的学习。

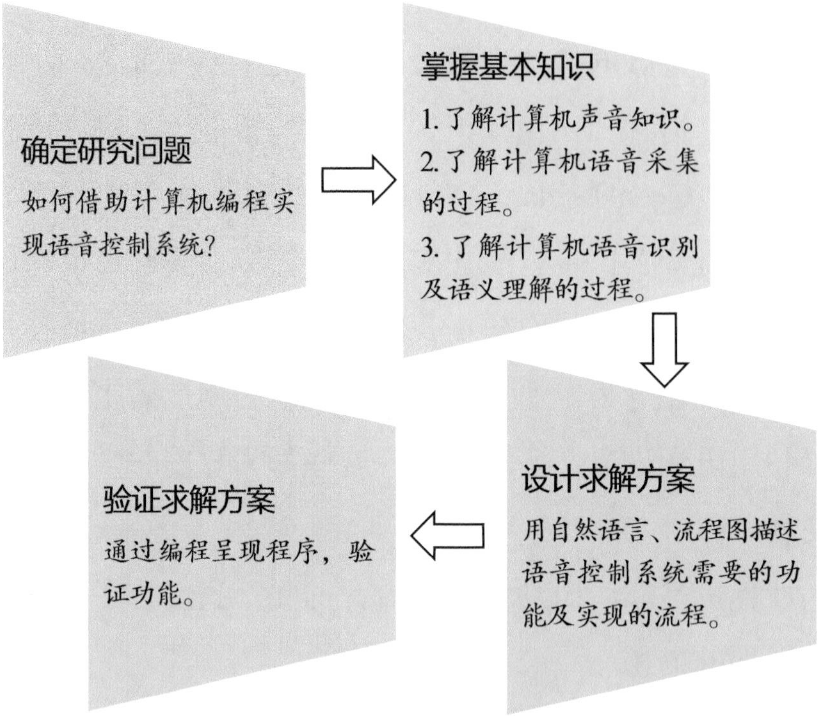

确定研究问题

如何借助计算机编程实现语音控制系统?

掌握基本知识

1. 了解计算机声音知识。
2. 了解计算机语音采集的过程。
3. 了解计算机语音识别及语义理解的过程。

设计求解方案

用自然语言、流程图描述语音控制系统需要的功能及实现的流程。

验证求解方案

通过编程呈现程序，验证功能。

图3.1　单元学习流程

我的智能学习目标

1. 学习基于语音识别技术的智能家居控制系统，理解语音识别在智能家居控制中的应用，认识其在人工智能中的价值和影响力（信息意识）。

2. 掌握语音控制智能家居的工作原理，包括语音采集、语音识别、语义理解、设备控制和交互等关键步骤，学会运用算法解决实际问题，提升计算思维及能力（计算思维）。

3. 通过使用数字资源和工具实践语音控制系统，学习数字化基本方法，并在小组合作中培养团队协作能力和创新实践能力（数字化学习与创新）。

4. 在项目实施过程中，了解语音控制系统相关的法律法规和道德规范，尊重隐私和保障信息安全，同时认识信息技术对社会进步的影响，培养社会责任感（社会责任）。

我的智能学习工具

硬件准备：可以连接互联网的计算机。

软件准备：图形化编程软件、流程图在线绘制工具（可选）、Python编程工具等（可选）。

第1课　语音识别的奇妙之旅——探秘声音

我的智能生活

在我们的生活中，语音控制已成为不可或缺的一部分，它通过语音识别技术使生活更加便捷、高效。例如，“小度小度”“小爱同学”“小艺小艺”等都是我们平时会听到的语音指令，与它们密切关联的应用极大地提升了日常生活的便利性。

我的智能活动计划

想要掌握语音识别技术，需要从声音的基本知识开始学习，其中包括声音的产生、传播、感知及采集的过程等。这节课我们将探讨这些因素如何影响声音质量，并学习计算机如何采集和量化声音。采集和量化声音的过程不仅是语音识别技术的基础，也是OpenHarmony系统能够为用户提供流畅且准确的语音交互体验的关键所在。可以参考如图3.2所示的流程开展本节课的学习。

探索声音的产生 → 探索声音的传播 → 探索声音的感知 → 采集声音

图3.2　数字活动计划

我的智能学习

日常听到的对话、钢琴声和撞击声都是声源振动通过空气传播的波。这些波使空气分子随之振动，触动鼓膜，最终被大脑感知。声音是交流的关键媒介，也是认知自然的方式之一。

一、探索声音的产生

平放一只手在桌上，另一只手敲击桌面，感觉振动并听到声音，声音来自物体的振动。

二、探索声音的传播

声音通过周围的介质（如空气、水或固体）进行传播。声音的传播依赖于介质。在真空中，声音无法传播。

声音的传播速度取决于介质的性质。在不同介质中，声音的传播速度不同。例如，声音在空气中的传播速度约为340米/秒。

三、探索声音的感知

人类和动物通过耳朵接收声波，并将其转化为神经信号，由大脑解读为声音。

我的智能探索

一、使用话筒录音

使用计算机连接的外置话筒或手机、平板计算机内置话筒，录制不同的声音，观察录音软件中音量曲线的变化，并了解音量对录音效果的影响，如图3.3所示。

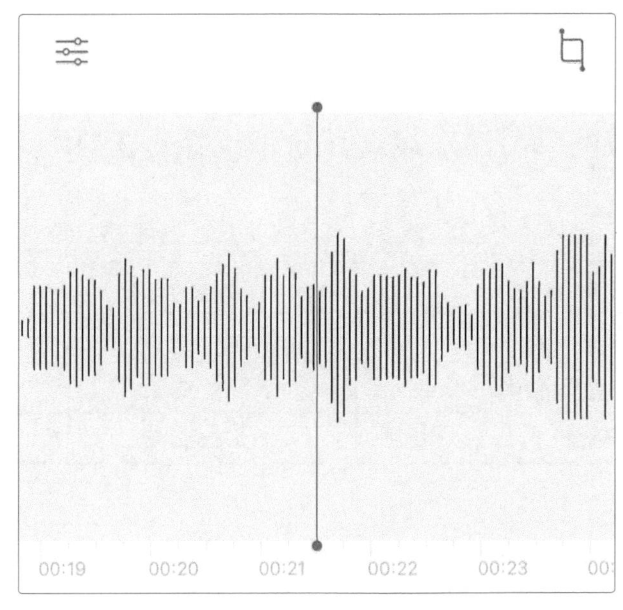

图3.3　录音机效果

二、寻找音频文件

请列举你熟悉的音频文件类型，并描述每种文件的主要特点，写在下方方框中。

我的智能成果

在了解声音的基本知识后，请将学习成果以文字或图片的形式填写在表3.1中。

表3.1 我的收获

研究问题	我的收获
声音是怎么产生的	
声音是怎么传播的	
声音是如何被感知的	

请将本节课的学习活动表现评价记录在表3.2中。

表3.2 我的学习活动表现评价

评价内容	自我评价	组长评价
了解“声音的产生”	☆☆☆☆☆	☆☆☆☆☆
了解“声音的传播”	☆☆☆☆☆	☆☆☆☆☆
了解“声音的感知”	☆☆☆☆☆	☆☆☆☆☆

我的智能视野

回顾本节课的学习内容，参考OpenHarmony系统下的智能语音应

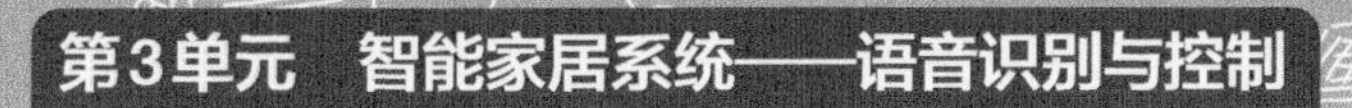

用，找到你在生活中见到的声音采集设备并记录相应的作用，填入表3.3。

表3.3　我的研究记录

声音采集设备	作用

第2课　探秘声音信号——从模拟信号到数字信号

我的智能生活

早晨起床，你可能会说："Hi，打开窗帘。"随即卧室的窗帘自动拉开，这就是智能生活的写照。美好的一天从一条简单的语音指令开始。如果要探究语音指令是如何被执行的，首先要了解的就是计算机如何采集处理音频信号。

我的智能活动计划

要使声音文件能像文字和图像信息一样进行存储、检索、编辑等处理，需要将声音数字化。我们可以参考图3.4所示的流程开展本节课的学习。

了解声音的图像 → 掌握声音的数字化 → 录制不同格式和质量的音频

图3.4　我的智能活动计划

我的智能学习

一、声音的图像

在现实世界中，声音是连续的，以连续波形的形式存在，如图3.5所示。

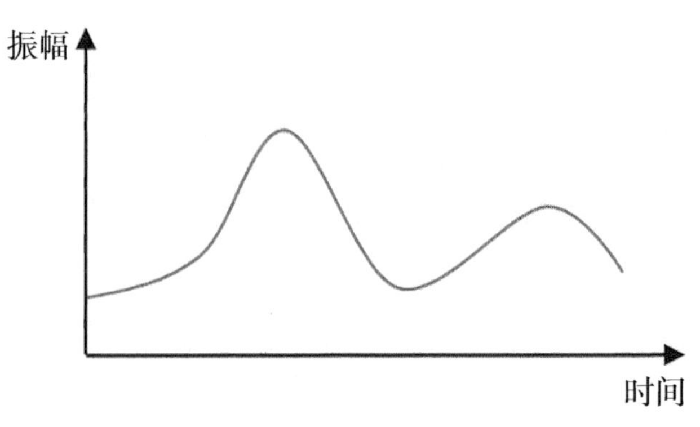

图3.5　声音图像示意

二、声音数字化的第一步——采样

计算机只能识别二进制数据。按照有规律的时间间隔对声波的振幅进行采样，如图3.6所示。

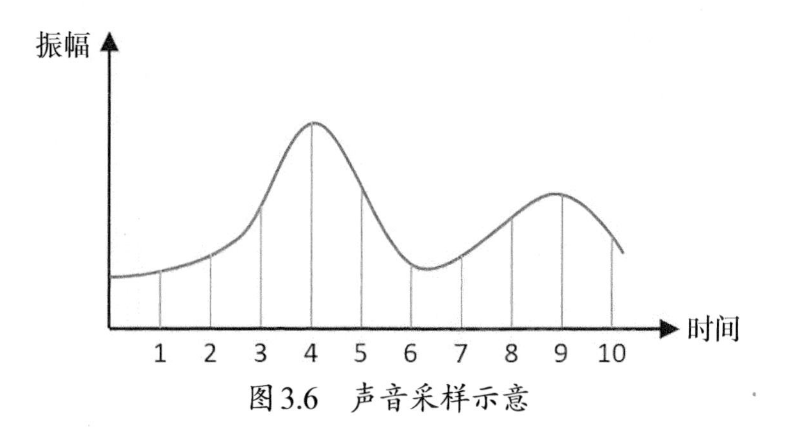

图3.6　声音采样示意

采样频率决定了音频文件的质量和大小。通常来说，采样频率越高，声音的还原度越高。采样频率指在单位时间内，从模拟信号中提取并组成的离散信号的样本数量，单位通常为赫兹（Hz）。

三、声音数字化的第二步——量化

量化是一个过程，将信号振幅数字化，设定数字信号的动态范围，声音量化如图3.7所示。这一过程直接影响音质，量化位数越多，音质越好。

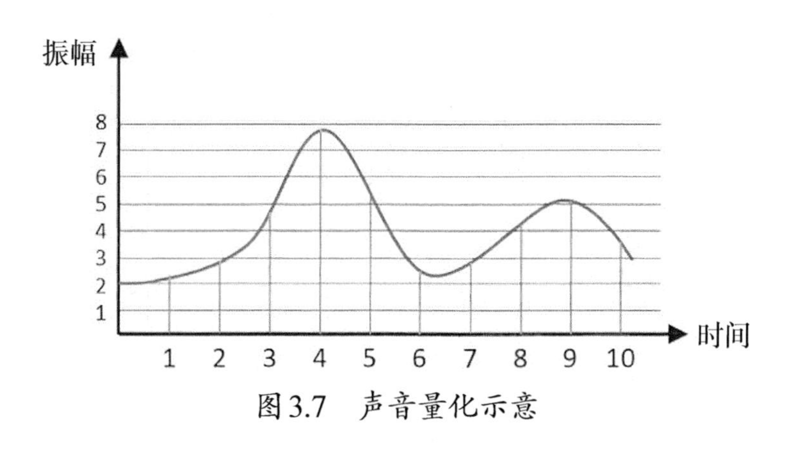

图3.7　声音量化示意

四、声音数字化的第三步——编码

编码是声音数字化的最后一步，声音模拟信号经过采样、量化之后已经变成了数字信号，但是为了方便计算机存储和处理，我们需要对它进行编码，以减少数据量。

声音模拟信号经过采样、量化及编码后，形成数字音频文件，模拟信号转数字信号的过程如图3.8所示。

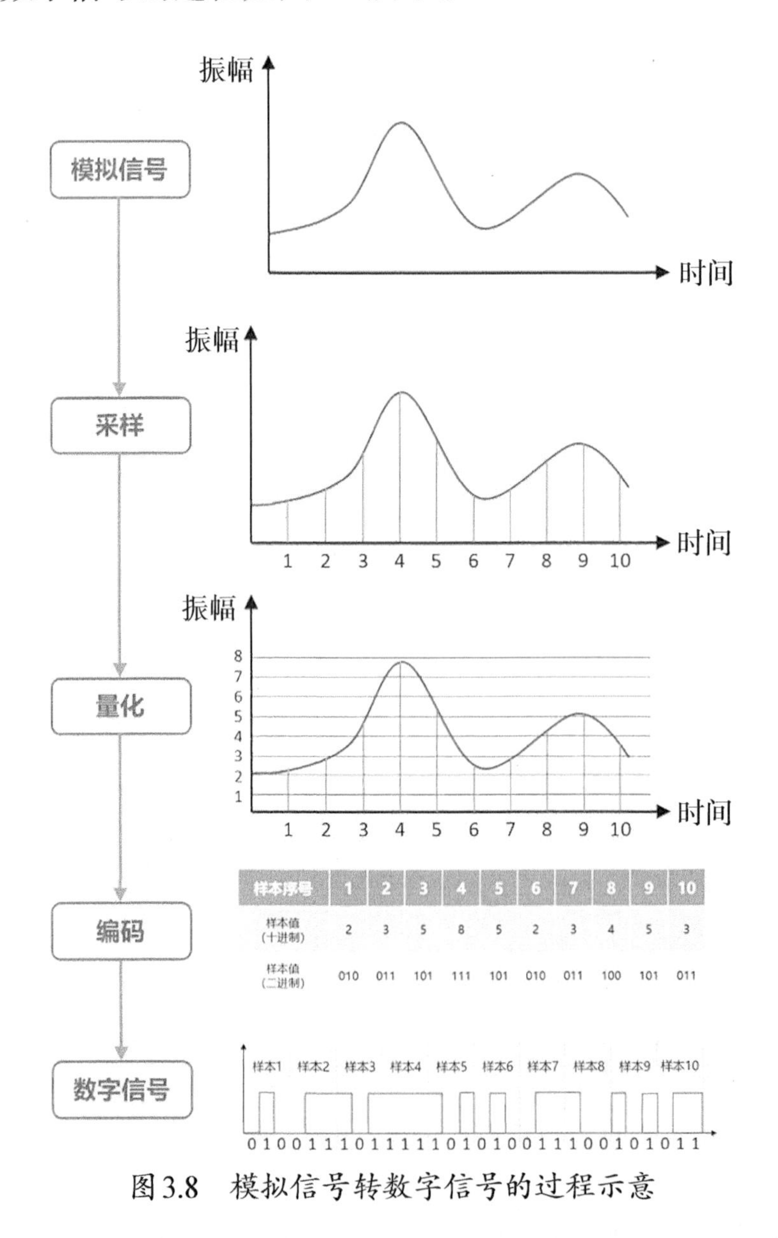

图3.8　模拟信号转数字信号的过程示意

我的智能探索

一、录制不同格式和质量的音频

使用计算机录音软件录制多种格式和质量的音频，录音软件的设置界面如图3.9所示。

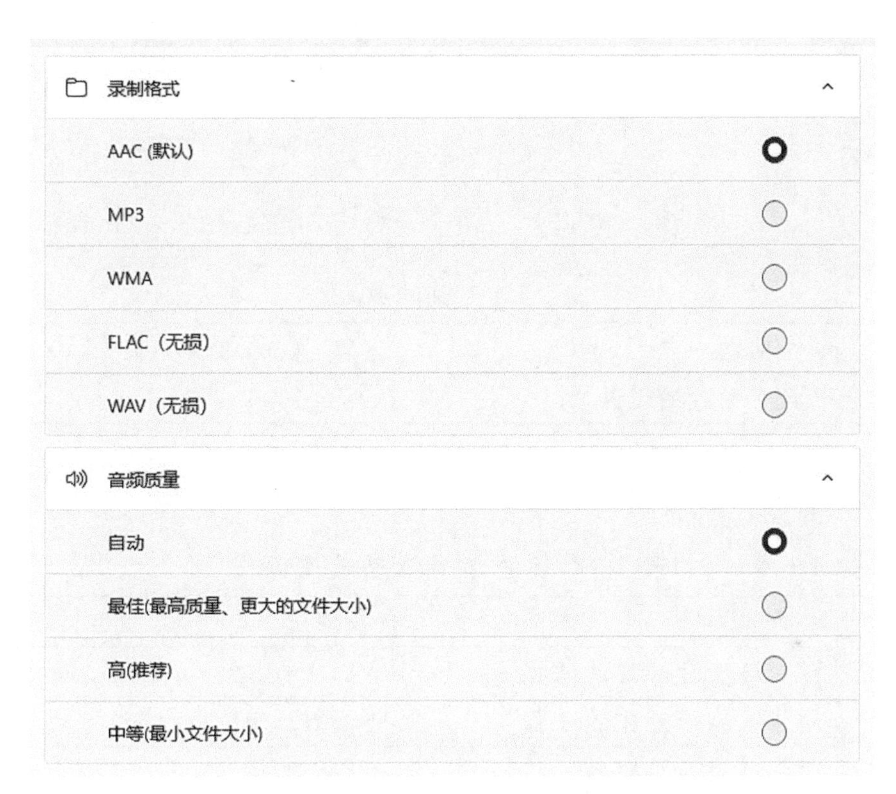

图3.9 录音软件的设置界面

二、查看文件属性，记录信息

查看这些文件的属性并比较文件的大小和比特率，如图3.10所示。

我的智能成果

通过以上学习，我们了解了声音的数字化过程，请在表3.4中记录学习成果。

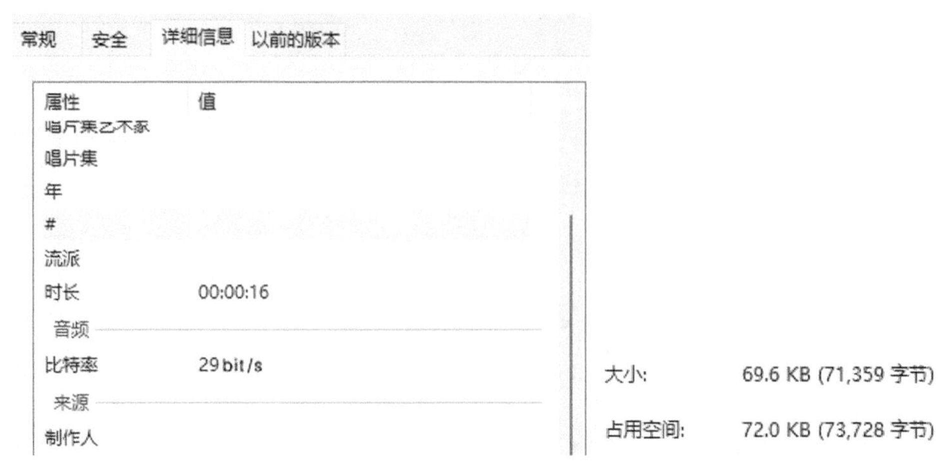

图3.10　文件属性

表3.4　我的收获

研究问题	我的收获
模拟信号转数字信号的过程	

请将本节课的学习活动表现评价记录在表3.5中。

表3.5　我的学习活动表现评价

评价内容	自我评价	组长评价
理解并能够描述声音采样的过程	☆☆☆☆☆	☆☆☆☆☆
理解并能够描述声音量化的过程	☆☆☆☆☆	☆☆☆☆☆
理解并能够描述声音编码的过程	☆☆☆☆☆	☆☆☆☆☆

我的智能视野

回顾本节课内容，运用所学知识，参考OpenHarmony系统的技术和应用，探索生活中可以将声音模拟信号转换为数字信号的设备，并将其转换流程写在下方方框中。

第3课　探寻语音控制的奥秘——语音识别和语义理解

我的智能生活

只需说“Hi，请打开空调并设置温度为26（摄氏）度”，空调便自动启动并调整至指定温度。空调是如何理解并执行这个指令的呢？其实这涉及一系列流程，包括语音采集、语音识别、语义分析、设备控制和交互反馈等关键步骤。

我的智能活动计划

想知道语音控制智能家居的奥秘，需先了解语音识别和语义理解。我们可以参考图3.11所示的流程开展本节课的学习。

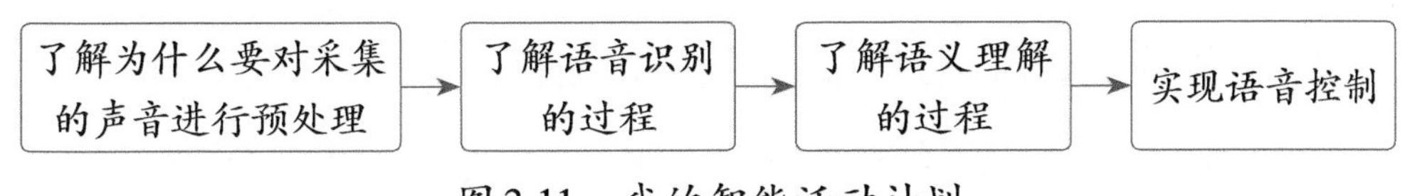

图3.11　我的智能活动计划

我的智能学习

一、计算机“听懂”人类语言

计算机通过一系列算法和步骤，如语音信号的预处理、特征提取、模式匹配和模型训练，解析和处理语音信号，从而识别语音内容并转化为命令，实现所谓的“听懂”。

二、计算机对语音信号进行预处理

计算机在对语音信号进行预处理时，运用技术减少背景噪声和干扰。

（1）预加重：为补偿高频衰减，提升语音信号的高频部分，通过数字滤波器使语音信号更均匀平滑。

（2）分帧：将随时间变化的语音信号分割成短时片段，每帧长度约为20~30毫秒，使语音信号近似在每个时间窗口内处于稳态，便于分析。

（3）加窗：在分帧后，使用窗函数（如汉明窗或汉宁窗）减少帧边缘的不连续性，减少频谱泄露。

这些步骤旨在提升语音信号的处理质量，确保后续分析准确有效。

三、计算机对语音信号进行特征提取

在计算机对语音信号进行预处理后，需要提取语音信号的特征。特征提取指从原始语音信号中提取能代表语音本质的参数，可进行时域分析、频域分析等。方法分为模型分析和非模型分析。

四、计算机对语音信号进行模式匹配和模型训练

模式匹配准则：采用欧几里得距离、余弦相似度等，计算特征参数相似度，匹配最相似模型以实现语音识别。

模型训练：基于深度学习、神经网络等技术，训练模型自动提取特征和进行特征匹配，优化参数以提升识别率和适应性。

语音识别过程如图3.12所示。

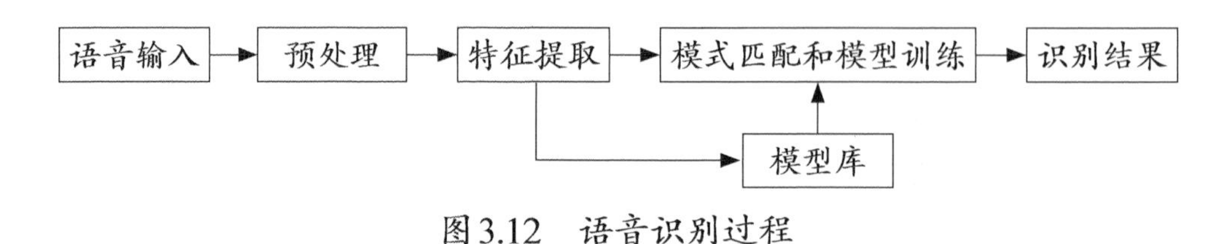

图3.12　语音识别过程

五、计算机对语音信号的语义理解

计算机在语音识别后，需进行语义理解，以便更好地响应语音指令。关键步骤具体如下。

（1）自然语言处理：将语音转换为文本，分析语法结构和句子组织。

（2）语义分析：理解词语和句子的实际含义，根据上下文使用。

（3）上下文理解：考虑整个对话或文本的上下文，消除歧义。

（4）深度学习：从大量数据中学习，提高语义理解能力。

（5）多模态交互：结合视觉数据和其他数据，提供更准确的语义理解。

（6）持续优化：收集数据和反馈，不断优化模型，提高准确性和效率。

我的智能探索

请用流程图来描述整个计算机语音控制的过程，并将其写在下方方框中。

我的智能成果

通过以上学习，我们了解了计算机识别语音的过程，请将自己的收获以文字或图片的形式记录在表3.6中。

表3.6　我的收获

研究问题	我的收获
计算机对语音的识别	
计算机对语义的理解	

请将本节课的学习活动表现评价记录在表3.7中。

表3.7　我的学习活动表现评价

评价内容	自我评价	组长评价
描述计算机语音识别的过程	☆☆☆☆☆	☆☆☆☆☆
描述计算机语义理解的过程	☆☆☆☆☆	☆☆☆☆☆

我的智能视野

回顾本节课的学习内容，参考OpenHarmony系统的智能语音应用，找找生活中还有哪些例子用到了语音识别技术或语音控制技术。请填在表3.8中。

表3.8　我的研究记录

语音识别或语音控制的应用	语音识别或语音控制的内容

第4课　动口不动手——设计基于语音控制的智能家居系统

我的智能生活

当你说出“Hi，我要睡觉了”，卧室的灯和智能窗帘便会自动关闭，结束美好的一天。语音控制让生活更便捷，只需一声令下，便可完成以往需多次操作的任务。市场上虽有众多智能家居产品，但若能自行设计一个系统，用个人习惯的语音指令控制设备，一定会别有趣味。本节课将探索的主题便是——设计基于语音控制的智能家居系统。

我的智能活动计划

在OpenHarmony平台上构建基于语音控制的智能家居系统时，可以先分析所需功能和绘制流程图，进而编写相应的程序。我们可以参考图3.13所示的流程开展本节课的学习。

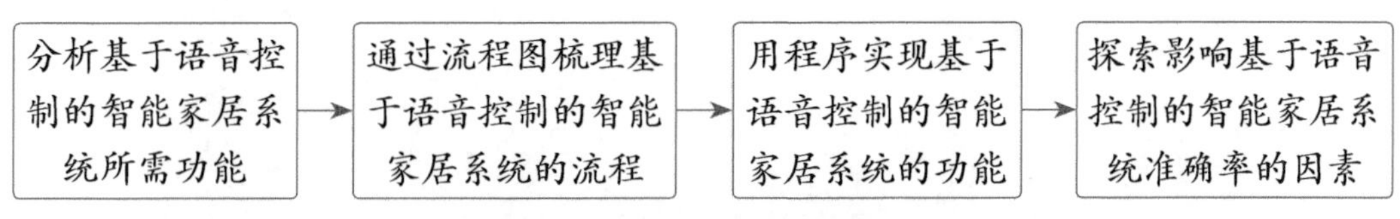

图3.13　我的智能活动计划

我的智能学习

一、分析基于语音控制的智能家居系统所需功能

设计一个基于语音控制的智能家居系统，请将智能家居系统需要实现的功能填写在表3.9中。

表3.9　智能家居系统需要实现的功能

需要的功能	具体描述
采集语音	

二、通过流程图梳理基于语音控制的智能家居系统的流程

为实现基于语音控制的智能家居系统程序，通过流程图梳理流程。如图3.14、图3.15所示，选择一种设备并绘制其语音控制流程图。

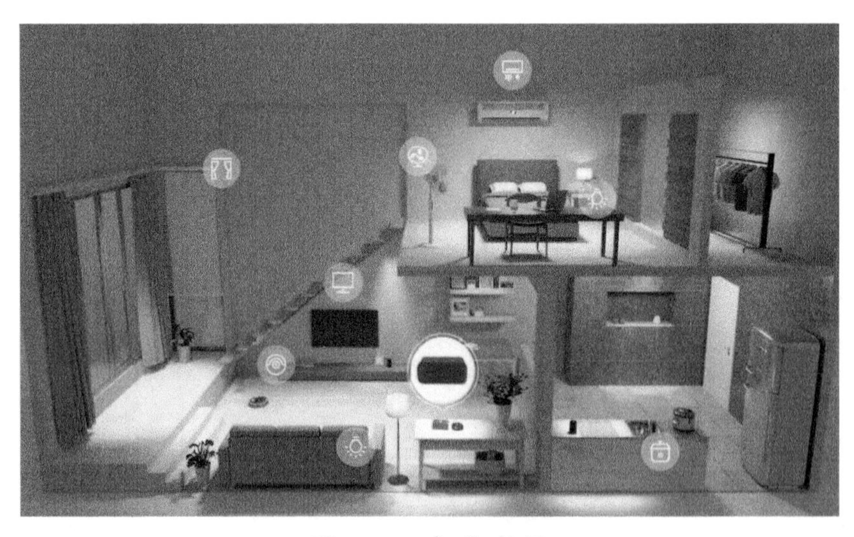

图3.14　智能家居

三、实现基于语音控制的智能家居系统的功能

根据流程，智能家居系统功能可分为以下几种。

（1）采集语音：使用带话筒的设备。

（2）语音识别：利用人工智能平台接口或工具（如OpenHarmony、百度和腾讯的人工智能平台）。

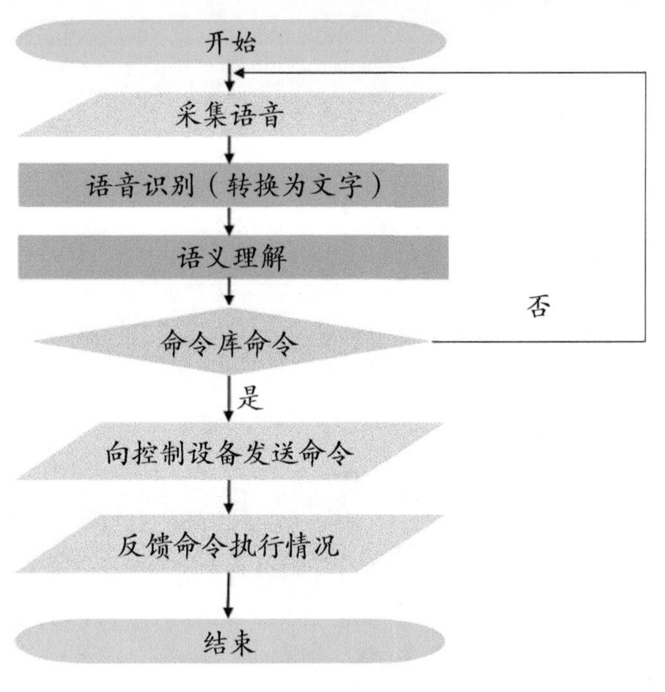

图3.15　语音控制流程图

（3）语义理解：将语音转换为命令。

（4）命令判断：识别命令目的设备或唤醒词。

（5）命令执行：指定设备执行命令。

请阅读图3.16所示的图形化程序。

图3.16　语音识别图形化程序

我的智能探索

在使用过程中观察智能家居系统对命令的执行准确率，请你思考可能影响语音控制准确率的因素，并将其写在下方方框中。

我的智能成果

通过以上学习，我们了解了如何实现基于语音控制的智能家居系统的功能，请将自己的收获以文字或图片的形式记录在表3.10中。

表3.10　我的收获

研究问题	我的收获
设计基于语音控制的智能家居系统需要实现的功能	
分析基于语音控制的智能家居系统的识别过程	
实现基于语音控制的智能家居系统的功能	

请将本节课的学习活动表现评价记录在表3.11中。

表3.11　我的学习活动表现评价

评价内容	自我评价	组长评价
用流程图描述基于语音控制的智能家居系统的识别过程	☆☆☆☆☆	☆☆☆☆☆
用程序实现基于语音控制的智能家居系统	☆☆☆☆☆	☆☆☆☆☆

我的智能视野

回顾本节课的学习内容，探索影响基于语音控制的智能家居系统命令执行准确率的因素和完善程序的方式并填写在表3.12中。

表3.12　我的研究记录

影响语音控制的智能家居系统命令执行准确率的因素	完善程序的方式

单元总结

我做了什么

通过本单元的学习活动，同学们深入研究了计算机听觉，借助编程实现了基于语音控制的智能家居系统的功能。

我学会了什么

本单元的学习内容如图3.17所示。

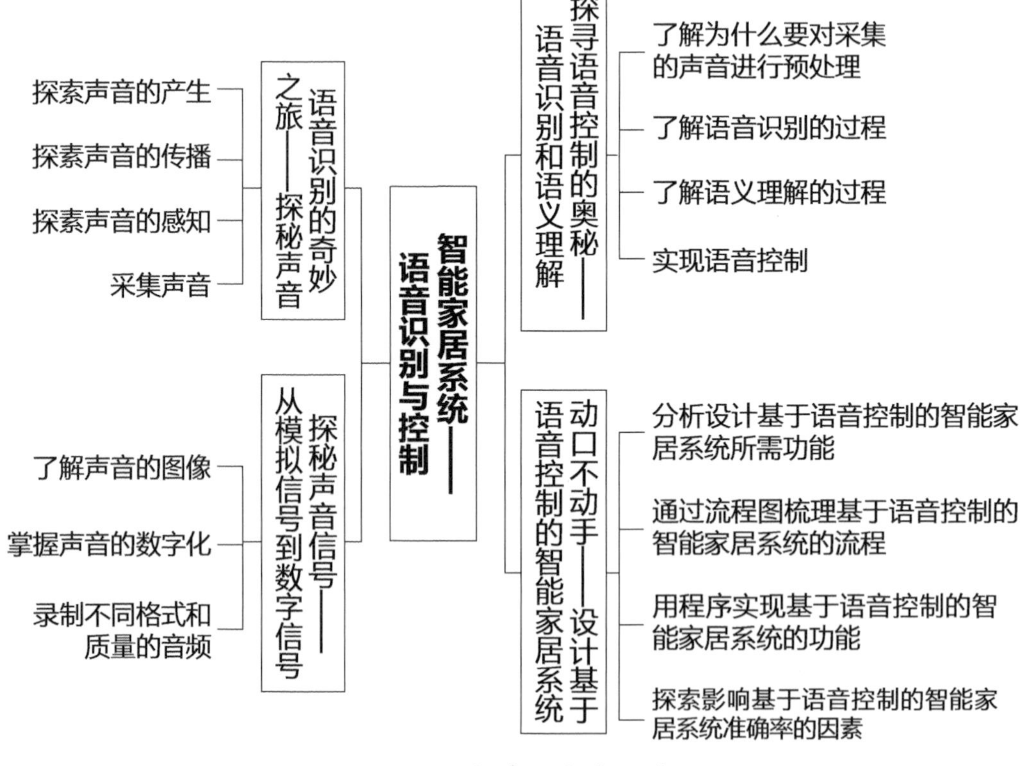

图3.17 本单元内容分布

我的收获

本单元学习即将结束，同学们在研究基于语音控制的智能家居系统设计的过程中，掌握了计算机音频、语音采集、语音识别和语义理解的基础知识，并实现了系统功能。同学们在遇到类似问题时，可以运用这些知识来解决。

除了语言识别技术，还有哪些常用的人工智能技术可以融入智能家居系统中，为用户提供更加全面的智能生活。请写出来：______________

____

____

____

____

____

第4单元
模型是什么——机器学习初步

单元情境

科幻电影中的智能机器人总能“洞察”并深刻理解人们的内心世界。如今，随着科技的发展，人工智能逐渐使计算机具备了学习、感知世界的能力。在OpenHarmony系统的支持下，开发者基于人工智能技术进行应用开发，不仅丰富了OpenHarmony系统的功能和服务，还为我们带来了更加智能、便捷的生活。

计算机能借助语音识别、自然语言处理和语音合成技术与人们交流，也能借助计算机视觉技术完成识图搜索和人脸识别。

这背后，是机器学习的强大力量。

单元主题

机器学习在人工智能实现中起着重要的作用，在了解机器学习时，需要运用到计算机领域的相关思想方法。请你和同学们讨论一下，并且思考：

1. 人是如何学习的？

2. 机器是如何学习的？机器的学习过程和人类的学习过程有相同的地方吗？

3. 计算机是如何训练模型的？有哪些经典的算法？

4. 监督学习和无监督学习有哪些区别？

5. 机器学习在人工智能中扮演着怎样的角色？

要研究上述这些问题，我们可以参考图4.1所示的流程开展本单元的学习。

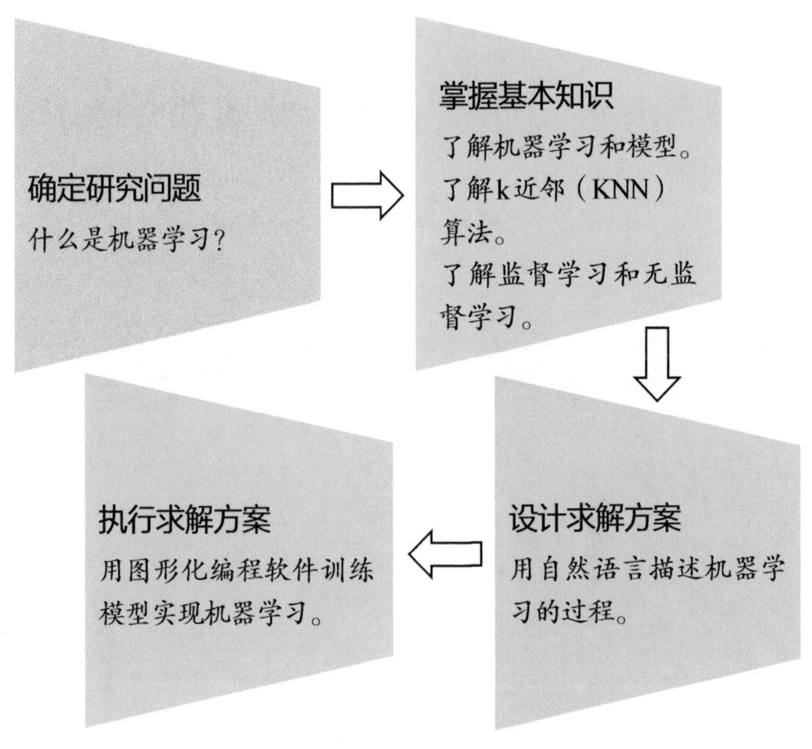

图4.1　单元学习流程

我的智能学习目标

1. 通过分析识别苹果和芒果的过程，了解人类学习的过程和特征的重要性，学会利用搜索引擎的识图搜索识别图片内容，掌握使用计算机识别图片的方法。

2. 通过分析机器学习应用案例，了解机器学习和模型，了解k近邻算法，掌握在图形化编程软件中实现机器学习的方法，实现利用机器学习识别不同图形和不同手势，体会模型的重要性。

3. 通过用自然语言描述监督学习和无监督学习的执行过程，初步了解监督学习和无监督学习，体会机器学习对生活的影响。

我的智能学习工具

硬件准备：可以连接互联网的计算机。

软件准备：图形化编程软件、思维导图在线绘制工具（可选）、Python编程工具等（可选）。

第1课　识别苹果和芒果——人类是如何学习的

我的智能生活

在生活中，人们通过倾听、阅读、观察等多元学习，掌握知识与技能，并不断累积智慧，解决生活中的问题。例如，你能迅速识别桌上的苹果和芒果，这就是长期学习和实践的成果。

我的智能活动计划

在探索基于OpenHarmony平台的机器学习技术之前，可以借鉴人类学习的过程来深化我们的理解和应用。我们可以参考图4.2所示的流程开展本节课的学习。

了解人类如何识别事物 → 了解人类学习的过程 → 计算机实践验证

图4.2　我的智能活动计划

我的智能学习

一、了解人类如何识别事物

人们通过大脑的活动来捕捉并理解事物的特征，并根据事物特征的数量和特征显著程度识别不同的事物。请填写表4.1，记录自己对事物特征的了解。

表4.1　对事物特征的了解

我的探究	特征：________________

二、了解人类学习的过程

当你第一次见到苹果时，你一定会先记它的标签，如图4.3所示。

图 4.3　将事物与标签相对应

随后，你会通过视觉、触觉和味觉来探索苹果的特征，如颜色、质地和味道等，这些感官体验在脑海中建立模型。于是，当你再次遇到具有类似特征的水果时，便能将它识别为苹果，如图 4.4 所示。

图 4.4　将事物、标签与特征相对应

然而，人们的认识是会随着不断地学习持续丰富的。例如，当你看到芒果时，你便能通过区分特征从而识别它不是苹果。这种学习和实践的过程，不断丰富着人们大脑中的模型，使人们学到更多的知识。

我的智能探索

一、列举不同水果的特征

你能根据特征认出苹果和芒果吗？请填写表 4.2，分析苹果和芒果的特征。

表4.2 苹果和芒果特征汇总表

	表皮颜色	表皮质感	味道	其他
芒果				
苹果				

二、验证计算机识别水果

计算机能否像人一样识别事物呢？例如，使用搜索引擎的识图搜索，识别图片中的水果，如图4.5所示。

图4.5 芒果

打开搜索引擎，在识图界面中单击“本地上传”按钮，如图4.6所示。

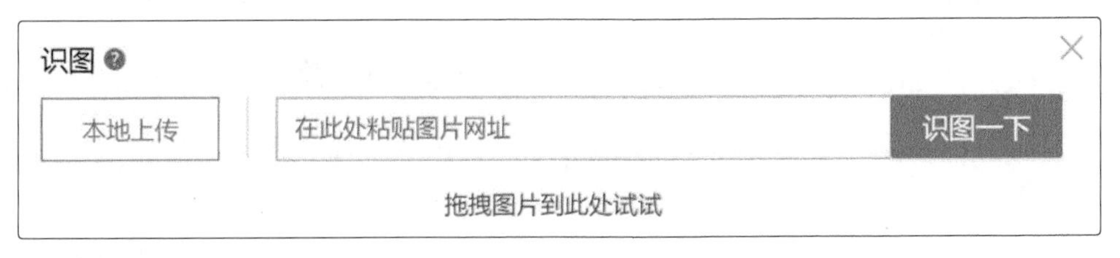

图4.6 识图界面

在弹出的文件夹界面中选择想要识别的图片，识图搜索会自动识别图片中的事物，并显示出最有可能与之相关的标签。

我的智能成果

通过以上学习，我们了解了人类是如何学习的，请将自己的收获以文字或图片的形式记录在表4.3中。

表4.3 我的收获

研究问题	我的收获
人类是如何学习的	

请将本节课的学习活动表现评价记录在表4.4中。

表4.4 我的学习活动表现评价

评价内容	自我评价	组长评价
了解特征	☆☆☆☆☆	☆☆☆☆☆
了解学习的过程	☆☆☆☆☆	☆☆☆☆☆
列举不同水果的特征	☆☆☆☆☆	☆☆☆☆☆
验证计算机识别水果	☆☆☆☆☆	☆☆☆☆☆

我的智能视野

回顾本节课的学习内容，利用掌握的知识和方法，还可以继续研究如何让计算机在OpenHarmony系统下识别更多事物，例如，在移动设备上下载识物等应用，试试它能识别什么，并和同学、家长分享吧！

第2课　识别圆形和三角形——机器是如何学习的

我的智能生活

随着人工智能的发展，人们以自身学习经验赋能计算机以学习能力，辅助人们进行预测或决策等行为，以更高效地解决生活中的问题。例如，借助图形化编程软件让计算机识别圆形和三角形。

我的智能活动计划

想要了解在OpenHarmony系统下机器是如何学习的，并且是如何在图形化编程软件中实现的，我们可以参考图4.7所示的流程开展本节课的学习。

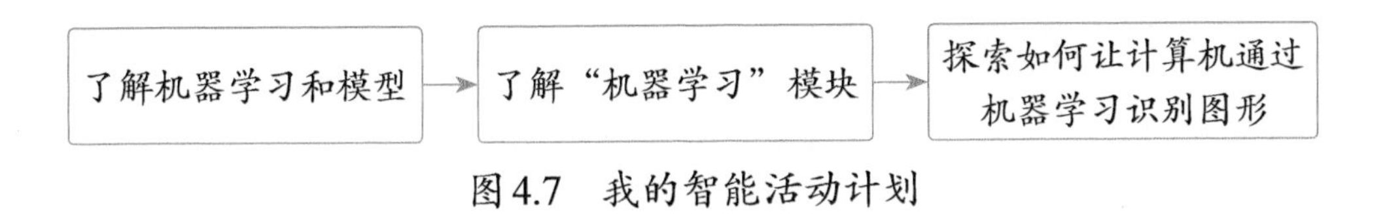

图4.7　我的智能活动计划

我的智能学习

一、了解机器学习

人们通过持续学习与探索，逐步构建起对世间万物的深刻理解。而要让机器也拥有这种能力，就必须模拟并优化这一学习过程，这便是机器学习。机器不断学习、进化，以更智能的方式服务人类。请将自己对机器学习的更多了解填写在表4.5中。

表4.5　对机器学习的了解

我的探究	机器学习：________________________________ ________________________________ ________________________________

二、了解模型

以计算机识别芒果为例，先在计算机中输入大量明确标记为“芒果”的图片数据；然后，计算机提取图片中事物的轮廓、颜色、叶子等特征；最后，计算机基于这些特征建立模型，对应“芒果”标签，图4.8展示了机器学习建立模型的一般过程。

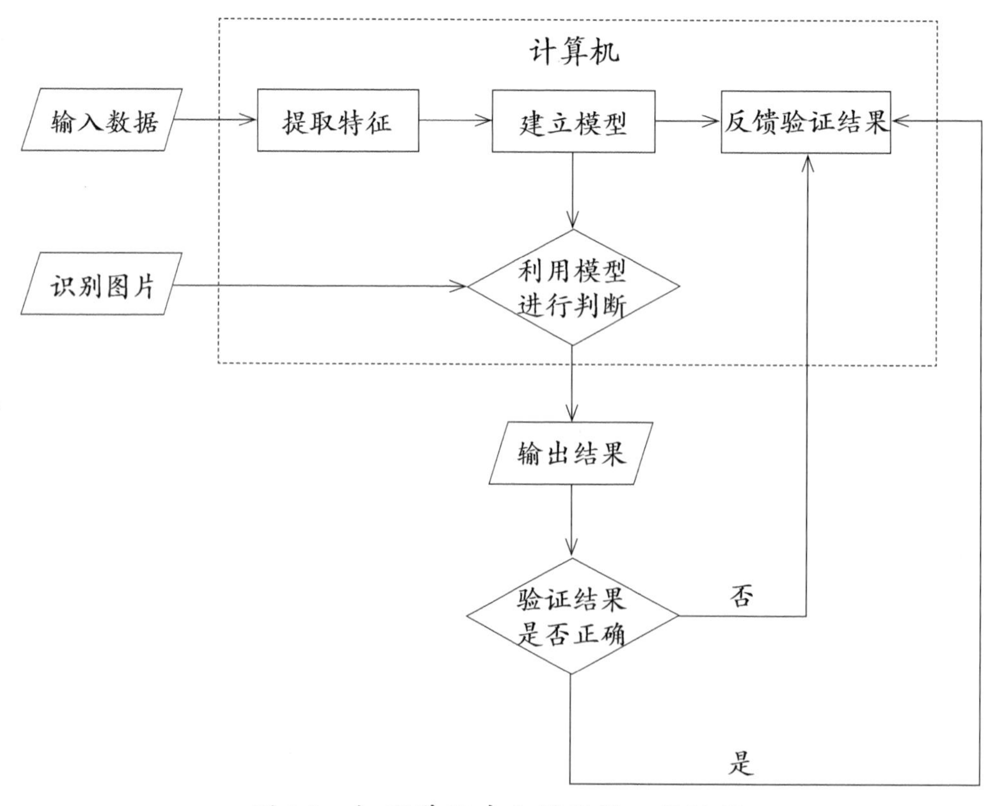

图4.8　机器学习建立模型的一般过程

我的智能探索

在图形化编程软件中，你可以通过执行机器学习算法让计算机认识事物。例如，让计算机识别圆形和三角形，如图4.9所示。

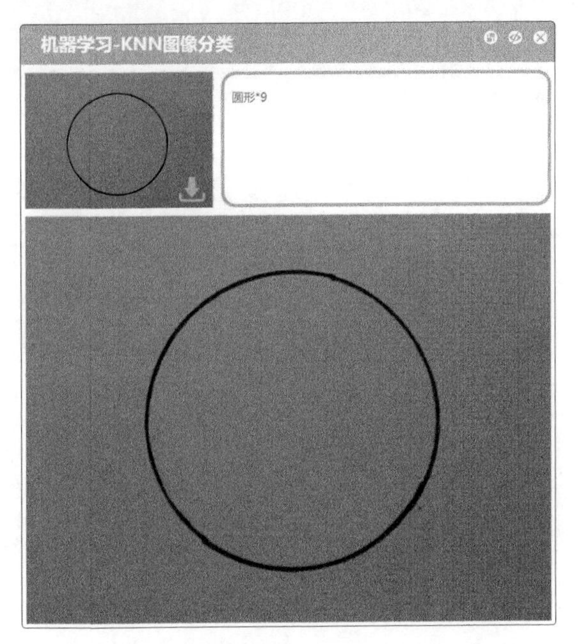

图4.9　让计算机识别圆形和三角形

一、加载“机器学习”模块

首先，单击“扩展”按钮，在弹出的界面中选择“功能模块”，然后加载“机器学习”模块，该模块中的部分积木如图4.10所示。

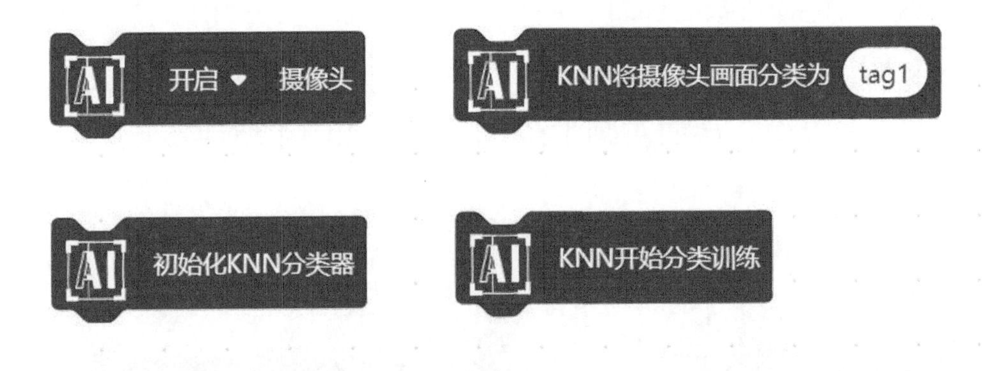

图4.10　“机器学习”模块中的部分积木

接下来，回顾一下机器学习建立模型的一般过程，输入数据→提取特征→建立模型→进行识别。在编程过程中，可以将机器学习流程细化为初始化KNN分类器→设置标签、收集数据→训练模型→进行识别，如图4.11所示。

初始化KNN分类器 → 设置标签、收集数据 → 训练模型 → 进行识别

图4.11　图形化编程中的机器学习流程图

初始化KNN分类器的目的是让识别结果更加准确，而KNN是机器学习中的一种常见算法。

二、识别圆形和三角形

要想让计算机能通过机器学习识别图形，首先需要在设置好角色后开启摄像头并初始化KNN分类器，程序如图4.12所示。

接下来，完成设置标签、收集数据程序。这里需要用到 [AI] KNN将摄像头画面分类为 tag1 积木，“tag1”为标签，将标签改为“圆形”，这样摄像头就会在捕捉画面时将捕捉的图形标记为“圆形”。之后设置驱动方式为“当按下a键”，让计算机每隔1秒用摄像头捕捉一次画面，重复执行10次，从而对圆形进行学习，如图4.13所示。

图4.12　初始化KNN程序

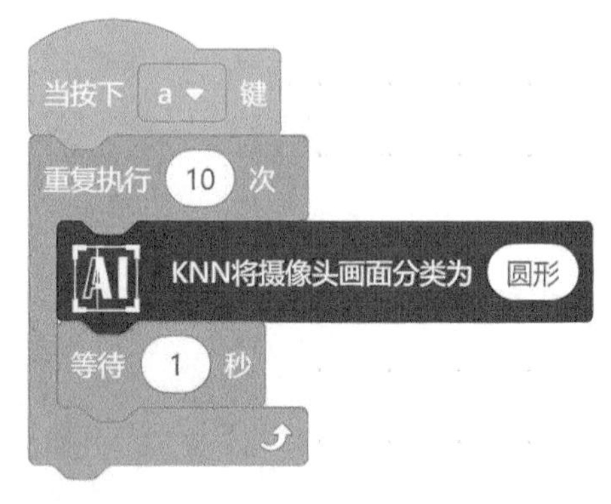

图4.13　机器学习圆形程序

然后，用同样的方式完成机器学习三角形的程序，这里将代码改为“当按下b键”，即通过按下不同的按键，让程序完成不同内容的机

器学习。

之后，分类训练让程序建立模型，并让程序在完成判断后给出识别结果，如图4.14所示。

图4.14　识别程序

运行程序，开启摄像头，如图4.15所示，将打印或手绘的圆形图片放在摄像头前，按下空格键，程序即可显示识别结果。

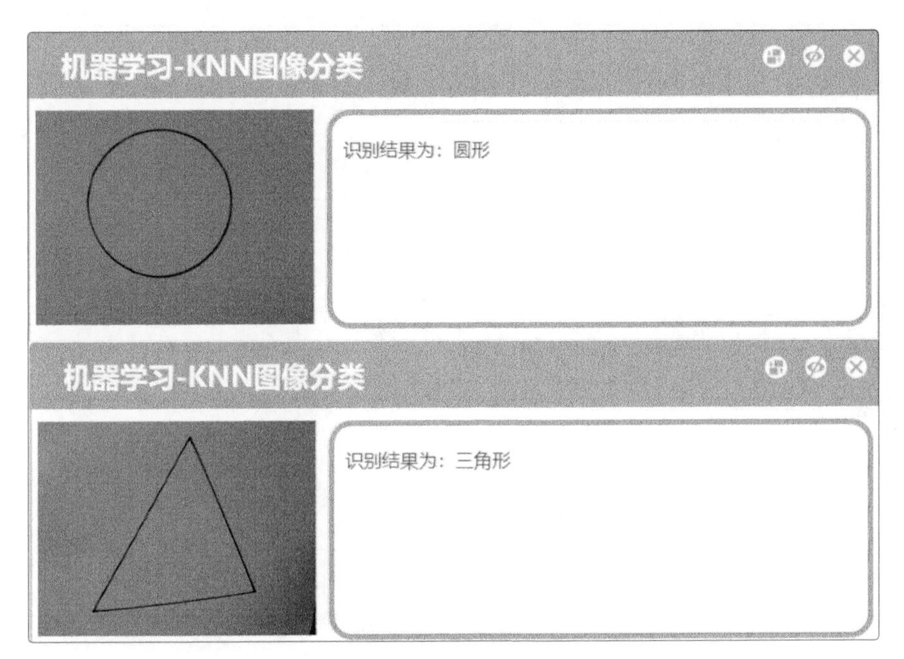

图4.15　训练模型

三、用思维导图呈现想法

借助思维导图，可以更好地厘清事物之间的关系，将自己对人类的学习过程的理解与对机器的学习过程的理解用思维导图或其他数字化工具呈现出来。

我的智能成果

通过以上学习，我们了解了机器是如何学习的，同时了解了在图形化编程软件中是如何实现的，请将自己的收获以文字或图片的形式记录在表4.6中。

表4.6 我的收获

研究问题	我的收获
机器是如何学习的	

请将本节课的学习活动表现评价记录在表4.7中。

表4.7 我的学习活动表现评价

评价内容	自我评价	组长评价
了解机器学习	☆☆☆☆☆	☆☆☆☆☆
了解模型	☆☆☆☆☆	☆☆☆☆☆
在图形化编程软件中实现机器学习	☆☆☆☆☆	☆☆☆☆☆

我的智能视野

回顾本课的学习过程，利用掌握的知识和方法，还可以继续研究在OpenHarmony平台上是否还能用其他编程语言实现机器学习，如针对识别不同图形的问题，可以用Python语言设计识别程序解决。

第3课　识别不同手势——了解模型的重要性

我的智能生活

在机器学习中，模型决定了机器如何根据输入的数据进行学习，并如何根据学习的知识来进行预测或决策。因此，如何训练模型对于机器学习来说非常重要。

我的智能活动计划

想要在OpenHarmony系统中训练机器学习模型解决更多生活中的问题，我们可以参考图4.16所示的流程开展本节课的学习。

了解k近邻算法 → 体会模型的重要性 → 在图形化编程软件中实现机器学习

图4.16　我的智能活动计划

我的智能学习

一、了解k近邻算法

假设你所在的班级里，每一位同学都有不同的兴趣爱好。现在有一位新转来的同学，但他的兴趣爱好你还不太清楚。你想预测他最有可能拥有的兴趣爱好，该怎么办呢?

这时候，你可以观察与他关系较好的同学的兴趣爱好，并根据这些同学的兴趣爱好来推断新同学的兴趣爱好。这就是k近邻算法的基本思想。

关于k近邻算法，你还了解______________________________

____

二、体会模型的重要性

无论是识别水果还是预测兴趣爱好，模型都起着非常重要的作用，请填写表4.8，记录自己对模型的了解。

表4.8 对模型的了解

我的探究	模型：____________________

我的智能探索

机器学习可以在生活中的许多地方得到应用，例如，在图形化编程软件中，计算机通过机器学习识别“石头”“剪刀”“布”3种手势，并通过语音朗读进行猜拳游戏，如图4.17所示。

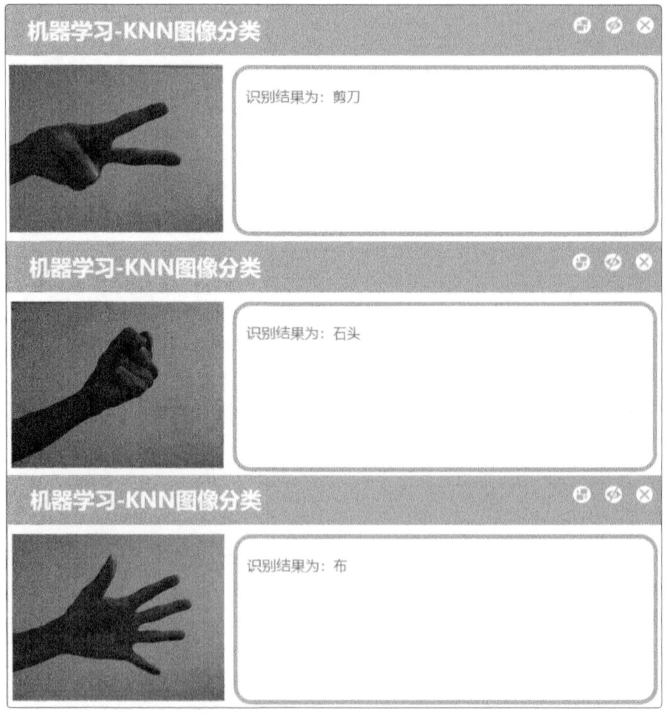

图4.17 识别手势

加载“机器学习”模块和“文字朗读”模块，之后添加角色和相关代码完成初始化KNN分类器，如图4.18所示。

接下来，编写程序，如编写机器学习“石头”手势程序，如图4.19所示。然后，用相同的方式编写机器学习其他手势的程序，注意修改相应的按键。

图4.18　初始化KNN分类器

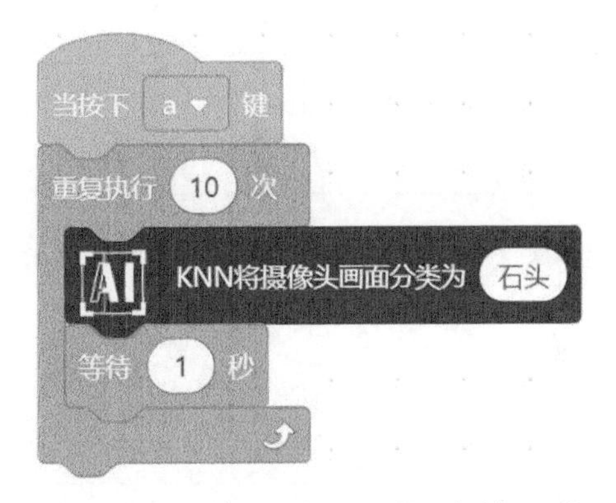

图4.19　机器学习“石头”手势程序

添加“朗读 你好”等程序，让程序在分类训练后建立模型，并让程序在判断手势后朗读出识别结果，如图4.20所示。

运行程序，开启摄像头，按下空格键，将要识别的手势放在摄像头前，让程序用语音朗读出识别结果。

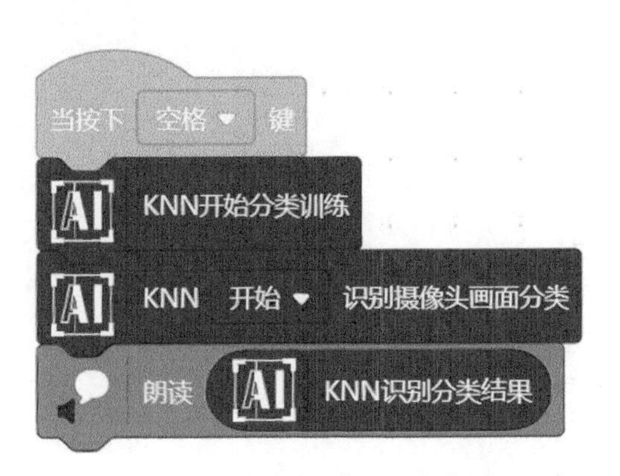

图4.20　识别并朗读识别结果程序

我的智能成果

在图形化编程软件中通过训练模型实现机器学习以解决更多生活中的问题后，请将自己的收获以文字或图片的形式记录在表4.9中。

表4.9　我的收获

研究问题	我的收获
训练模型实现机器学习	

请将本节课的学习活动表现评价记录在表4.10中。

表4.10　我的学习活动表现评价

评价内容	自我评价	组长评价
了解k近邻算法	☆☆☆☆☆	☆☆☆☆☆
体会模型的重要性	☆☆☆☆☆	☆☆☆☆☆
在图形化编程软件中实现机器学习	☆☆☆☆☆	☆☆☆☆☆

我的智能视野

回顾本节课的学习过程，利用掌握的知识和方法，还可以继续研究在OpenHarmony平台上是否还能用其他编程语言实现机器学习，如针对识别不同手势的问题，可以用Python语言设计识别程序解决。

第4课　不同模型的机器学习——监督学习和无监督学习

我的智能生活

在课堂上，通常由老师引导你学习；在家中，你通常通过阅读图书自学。由此可见，在不同场景中有不同学习过程。在人工智能领域中，不同学习过程也会产生不同模型的机器学习。

我的智能活动计划

想要了解OpenHarmony系统中不同模型的机器学习，我们可以参考图4.21所示的流程开展本节课的学习。

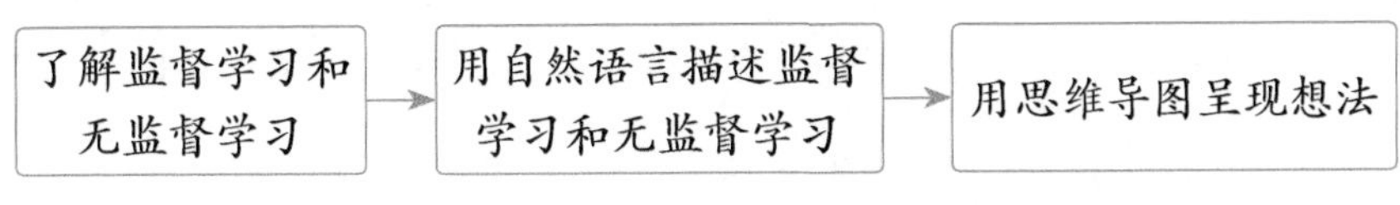

图4.21　我的智能活动计划

我的智能学习

一、了解监督学习

想象一下，已经12岁的你正在学习骑自行车。你的父母站在旁边，帮你扶着自行车，教你如何保持平衡和踩踏板。每次你骑得不好，在快要摔倒时，他们都会及时纠正你的动作，告诉你应该怎么做。

这就是监督学习的过程。例如，给计算机看很多已经标记好标签的水果图片，告诉它“这是苹果”或“这是芒果”。这样，计算机就能学习“苹果”“芒果”的特征。

二、了解无监督学习

想象一下，你走进了一个满是各种形状和各种颜色的气球的房间。

没有人告诉你哪些气球是同一类的，但是你可以通过观察各个气球的形状、颜色等特征，尝试将它们分成几组。

这就是无监督学习的过程。例如，给计算机一些数据，但不告诉它这些数据应该如何分类或标记。然后，计算机会尝试自己找出这些数据中的模式或规律，并根据这些模式或规律将数据分成不同的组或类别。

我的智能探索

一、用自然语言描述监督学习

假设你有一个机器学习模型，你想让它学会区分圆形和三角形。

首先，你给这个模型看了很多________和________的图片，并且每次都告诉它："这是________"或"这是________"。这就是"监督"的部分，因为你会告诉它正确答案。然后，你开始测试这个模型。你给它看一张新的圆形图片，问它："这是什么？"如果它回答说是"三角形"，你就知道它____学会，需要再教它一次。

监督学习中的"监督"是什么意思：______________________________

____

二、用自然语言描述无监督学习

假设你有一大箱玩具，里面包括小汽车、毛绒玩具、积木等。现在你想把这些玩具分成几类，但是你不知道应该怎么分类。你决定让计算机来帮你。

你把这些玩具的图片输入计算机的无监督学习模型中，这个模型会观察每张图片中的特征，如________、________、________等。然后，它会尝试找出这些玩具特征之间的相似性，并将相似的玩具图片分成一类。

无监督学习中的“无监督”是什么意思：______________________

____

三、用思维导图呈现想法

借助思维导图，可以更好地厘清事物之间的关系，将自己对于监督学习的和无监督学习的理解用思维导图或其他数字化工具进行呈现。

我的智能成果

通过以上学习，我们了解了不同模型的机器学习，请将自己的收获以文字或图片的形式记录在表4.11中。

表4.11　我的收获

研究问题	我的收获
了解不同模型的机器学习	

请将本节课的学习活动表现评价记录在表4.12中。

表4.12　我的学习活动表现评价

评价内容	自我评价	组长评价
了解监督学习	☆☆☆☆☆	☆☆☆☆☆
了解无监督学习	☆☆☆☆☆	☆☆☆☆☆
用自然语言描述监督学习和无监督学习	☆☆☆☆☆	☆☆☆☆☆

我的智能视野

回顾本课的学习过程，利用掌握的知识和方法，还可以继续深入分析无监督学习的应用案例，如电商网站中的商品推荐、医学影像诊断中的病灶检测等。这些案例不仅可以帮助我们学习无监督学习的技术原理，也为OpenHarmony在智能化、个性化服务等方面的拓展提供无限可能。

单元总结

我做了什么

通过本单元的学习活动，同学们深入研究了人工智能经典算法——机器学习，以及其中重要的k近邻算法、监督学习和无监督学习，同时借助OpenHarmony系统兼容下的图形化编程软件训练模型实现了机器学习识别不同图形和手势。

我学会了什么

梳理本单元的内容，同学们会发现自己学习了以下内容，如图4.22所示，今后在解决新问题时，也可以参考“确定研究问题→掌握基本知识→设计求解方案→执行求解方案”这样的流程，让解决问题的过程更加科学和高效。

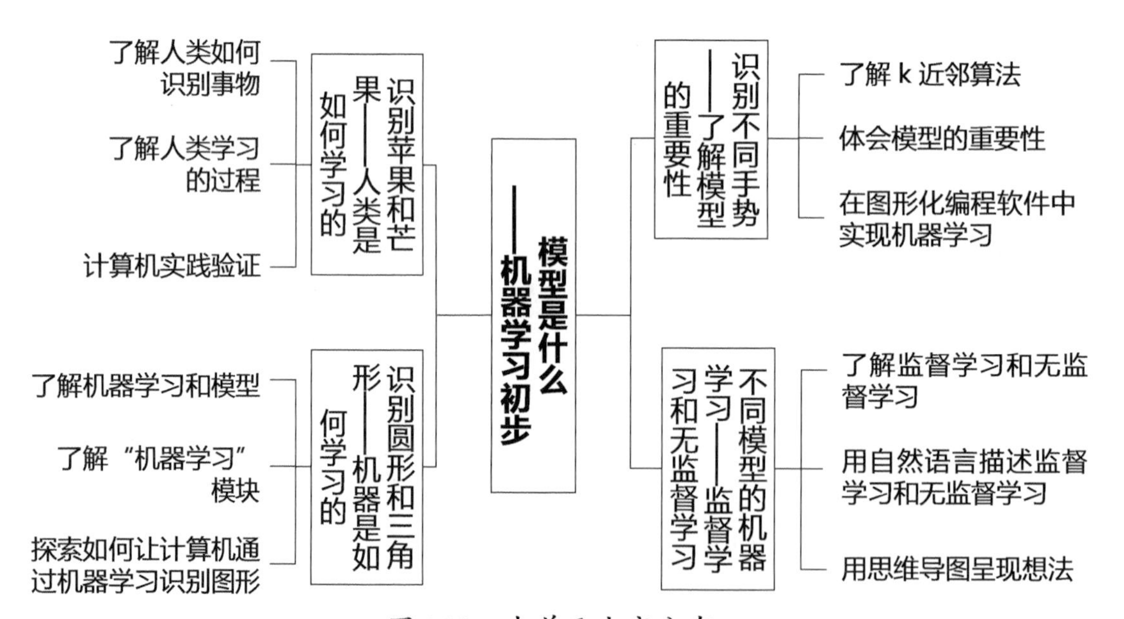

图4.22　本单元内容分布

我的收获

本单元的学习即将结束，同学们在深入研究机器学习的过程中，学会了探究人工智能是如何拥有人类智能的基本过程，进一步树立了利用人工智能解决生活问题的意识和能力。相信同学们在今后的学习和生活中遇到类似的问题时，一定会用更加高效的算法与程序设计去解决！

当然，你还可以借助不同的编程语言实现更多机器学习，如你想解决或已经解决了哪些问题？请写出来：________________________

____

____

____